HISTORISCHE TECHNIK

DIE HISTORISCHE UNTERSUCHUNG
IN IHREN GRUNDZÜGEN DARGESTELLT

VON

KR. ERSLEV

AUS DEM DÄNISCHEN ÜBERSETZT
VON
EBBA BRANDT

MÜNCHEN UND BERLIN 1928
DRUCK UND VERLAG VON R. OLDENBOURG

Vorwort.

Als ich im Jahre 1870 meine Studien begann, gab es an der Universität Kopenhagen sehr wenig Unterweisung für den, der sich als Historiker ausbilden wollte, und wir Jungen mußten uns wesentlich auf eigene Faust emporarbeiten. Als Spezialfach hatte ich die Geschichte Dänemarks im späteren Mittelalter gewählt, und dabei wurde ich mit der in Deutschland erwachsenen Quellenkritik vertraut. Ich studierte Usingers und Schäfers Dissertationen über die dänischen Jahrbücher, und noch mehr lernte ich aus verschiedenen Arbeiten von Waitz, besonders seinen Studien über Hermann Korner. Später, im Wintersemester 1878/79, besuchte ich die Universität Berlin und sah mit Bewunderung hier einen Unterricht, der auf die wissenschaftliche Ausbildung von Historikern berechnet war. Was Quellenkritik anbelangt, nahm ich an Übungen bei Nitzsch über Rahewin und bei dem Altmeister Waitz über verschiedene Aufgaben teil.

Nachdem ich selbst im Jahre 1883 Professor an der Universität Kopenhagen geworden war, legte ich großes Gewicht darauf, den Studierenden zu zeigen, wie man quellenkritisch arbeitet. Dies geschah durch Übungen, in denen wir mit kleinen einfachen Beispielen begannen, die die elementarsten Grundsätze erläutern konnten; von da gelangten wir allmählich zu großen Problemen, wobei auf einem breiten historischen Stoff verschiedener Art aufgebaut werden mußte. Aus diesen »Übungen zur historischen Forschung für Anfänger« erwuchs ein kleines Lehrbuch, das zuerst hektographisch vervielfältigt und später, im Jahre 1892, gedruckt wurde (»Grundsaetninger for historisk Kildekritik«, 31 S.). Als diese kleine Schrift beinahe vergriffen war, nahm ich das Thema in einer Vorlesung auf, wobei ich auf die ganze Theorie der Geschichtswissenschaft und Geschichtschreibung zu sprechen kam. Nicht zum wenigsten dieser weitere Hintergrund führte dazu, daß ich in mehreren Punkten größere Klarheit über die Eigenart historischer Untersuchung gewann. Auf dieser Grundlage gab ich daher 1911 eine Schrift »Historisk Teknik« (91 S.) heraus, die jetzt in zweiter, nicht wesentlich veränderter Auflage erschienen ist.

Nach dem hier von mir Gesagten wird man verstehen, daß, so viel ich auch der deutschen Geschichtswissenschaft auf diesem Gebiete verdanke, dies doch nicht von meinen Lehren gilt. Als ich meine »Grundsätze« ausarbeitete, schrieb ich in der Einleitung: »Systematische Regeln für historische Forschung zu geben, scheint sehr schwierig, da in der ganzen Literatur sich kaum ein Versuch nach dieser Richtung findet, während die Propädeutiker meistens den Satz aufstellen, daß es ‚natürlich‘ keine Regeln gibt.« Freilich lag, als ich 1892 die »Grundsätze« drucken ließ, Bernheims Lehrbuch in der ersten Auflage (1889) vor; aber wie anerkennenswert auch diese Schrift war, so erschien mir ihre Darstellung der Quellenkritik dennoch recht mangelhaft, und dies ist in ihren späteren, stark erweiterten Ausgaben nicht anders geworden. Auf dem Historikerkongreß in Berlin 1908 hielt ich auch einen Vortrag, der besonders gegen Bernheims Quelleneinteilung gerichtet war, jedoch nicht gedruckt wurde.

Gerade weil meine Sätze so sehr von dem, was in Deutschland gelehrt wird, abweichen, war es mein Wunsch, mein kleines Lehrbuch möchte in dem Lande erscheinen, dessen Geschichtswissenschaft gegenüber ich mich in so tiefer Schuld befinde.

Bei der Ausarbeitung des Manuskripts, das der vorliegenden deutschen Übersetzung zugrunde liegt, habe ich natürlich Verschiedenes in Abschnitt I ändern müssen, was auf dänische oder doch skandinavische Leser berechnet war; hierbei ist mir Bernheims großes Lehrbuch und seine kurze, aber so inhaltsreiche »Einleitung« (Sammlung Göschen, 3. Auflage, 1926) sehr nützlich gewesen. Auf größere Schwierigkeiten bin ich bei den zahlreichen Beispielen ge-

stoßen, die für das Verständnis meiner Abschnitte II und III
so **wichtig** sind. Ein Teil von ihnen war wohl der allgemeinen
Weltgeschichte, aber die meisten waren, wie natürlich, der
dänischen Geschichte entnommen, in der ich selbst am besten
zu Hause bin. Bei recht vielen dieser Beispiele handelt es
sich jedoch um das Verhältnis Dänemarks zu Norddeutsch-
land, und so werden sie auch für deutsche Studierende deutlich sein, während andere an und für sich so klar sind,
daß sie ohne Voraussetzungen verstanden werden können.
Manche dieser Art habe ich hier beibehalten, verschiedene
aber habe ich auslassen müssen und nur in geringem Umfang durch neue ersetzt.

Die Übersetzung meiner Schrift verursachte nicht geringe Schwierigkeiten. Ich bin daher Frau Ebba Brandt
geb. v. Bartholin in Kiel aufrichtig dankbar, daß sie sich
auf meinen Wunsch dieser mühevollen Arbeit unterzogen
hat, bei der ihr Gatte, Herr Professor Dr. Otto Brandt,
als Historiker ihr manchen guten Rat geben konnte.

Kopenhagen, Dezember 1927.

Kr. Erslev.

Inhaltsübersicht.

Einleitung.

1. Das Wort Historie stammt aus dem Griechischen und hat über das Lateinische seinen Weg in die
meisten neueren Sprachen, auch in die dänische, gefunden. Es bedeutet eigentlich Erforschung oder Beobachtung, danach Erzählung und Beschreibung; die
Römer gebrauchten das Wort überwiegend von Schilderungen menschlicher Geschehnisse[1]), und früh und
beinahe unmerklich glitt es dazu über, auch die Geschehnisse selbst zu bezeichnen.

In Deutschland wurde das Wort *Geschichte* (vgl.
geschehen) ursprünglich allein für das Geschehene gebraucht, während man für dessen Darstellung das Wort
Historie anwandte. Allmählich aber ist dieses Wort
gänzlich verdrängt worden, so daß man es in unsern
Tagen nur in Ableitungen findet: historisch, Historiker;
und selbst hier ist es im Schwinden begriffen. In
Deutschland ist also die Entwicklung die entgegengesetzte wie anderwärts gewesen: von der Bezeichnung
für das Objekt ist das Wort Geschichte allmählich
auch dazu gekommen, die Darstellung des Geschehenen
zu umfassen[2]).

[1]) Der ältere Plinius nannte jedoch seine große Naturbe-
schreibung *Naturalis historia*, und auch jetzt noch sprechen wir
von Naturgeschichte, wo das Wort Geschichte eine ganz andere
Bedeutung hat als sonst.

[2]) Vgl. P. E. Geiger, Das Wort Geschichte (Diss., Freiburg
i. B. 1908).

2. Die Tatsache, daß das Wort Geschichte (und
Historie) also die Erzählung und die Kenntnis von dem,

was geschehen ist, und zugleich das Geschehene selbst
bezeichnet, ist bemerkenswert. Daß eine Wissenschaft
und ihr Gegenstand mit demselben Namen bezeichnet
wird, ist wohl ganz einzig dastehend. Aber dies hängt
damit zusammen, daß die Geschichte der Vergangenheit
eigentlich nur durch die Historiker ihren Bestand hat.
Bäume und Blumen würden wir sehen, auch wenn es
keine Botaniker gäbe; das Gewitter rast, einerlei ob
Physiker da sind oder nicht. Aber ohne Historiker,
die die Ereignisse der Vergangenheit erzählen oder deren
tote und stumme Reste zum Reden bringen könnten,
würde die Vergangenheit nicht für uns dasein. Die
doppelte Bedeutung des Wortes Geschichte führt
tief in das Wesen der Geschichtswissenschaft ein.

3. Bei jedem Volk gingen die ältesten Geschichtsschreiber auf den Spuren weiter, auf denen ihnen die
Geschichtserzähler vorangegangen waren, und sie stell-
ten die Taten und die merkwürdigen Erlebnisse ihres
Volkes und seiner Helden dar; es ist bezeichnend, daß
Widukind sein Werk *Gesta Saxonum* nannte. Allmählich ging man auch auf andere Seiten des Lebens
ein: Literatur und Kunst, Kirche und Staatsverfassung
wurden in ihrer geschichtlichen Entwicklung geschildert, bald abgesondert für sich, bald im Zusammenhang
mit der politischen Geschichte, und heute trachtet die
Geschichte darnach, das menschliche Leben in seiner
ganzen Breite zu umfassen. Bei diesem gewaltigen Umfang macht sich jedoch eine natürliche Arbeitsteilung
geltend, und der Historiker im engeren Sinn findet sein
eigentliches Arbeitsfeld im Leben des Staates und der
Gemeinschaft.

Unter dem Druck des unendlichen Arbeitsgebiets der
Geschichte haben viele eine engere Abgrenzung für sie versucht. Man hat sie dahin einschränken wollen, daß sie nur
politische Geschichte sein sollte, man hat die sog. nicht-

historischen Völker ausschließen wollen usw. Keiner dieser
Versuche ist jedoch geglückt. Man kann auch nicht die
Geschichte in jener andern Weise abgrenzen, daß man die
Zeiten ausschließt, die als »vorhistorische« bezeichnet werden.
　Es ist sehr schwer, das Verhältnis der Geschichte zur
Philologie zu bestimmen, allein schon deshalb, weil die
Philologen selbst über das Gebiet ihrer Wissenschaft so
wenig einig sind. Die klassischen Philologen haben sich
eine Zeitlang an Boeckhs Definition gehalten, die als Ziel
ihrer Wissenschaft das volle Verständnis des klassischen
Altertums aufstellte, was ja auch das Ziel der Geschichtsforschung sein muß. Die verschiedenen modernen Philologen, Romanisten und Germanisten, suchen engere Grenzen zu ziehen. Aber wie jetzt die Philologie betrieben wird,
muß sie am ehesten als ein besonderes Arbeitsfeld innerhalb
der Geschichtswissenschaft bezeichnet werden, etwa in ähn-
licher Weise, wie oben von dem »Historiker im engeren
Sinn« gesprochen wurde.

　4. Das menschliche Leben, das der Historiker zu
schildern sucht, ist auch der Gegenstand einer Reihe
systematischer Wissenschaften, der Jurispru-
denz und Nationalökonomie, der Politik, Ästhetik,
Psychologie und noch verschiedener anderer. Diese
haben zwar ihr Schwergewicht in dem Leben der Gegenwart, aber um dieses zu verstehen, müssen sie fortwährend in die Vergangenheit zurückgreifen, und hier
trifft dann der Historiker bald mit der einen bald mit
der andern zusammen. Dies ist ein recht eigentüm-
liches Verhältnis, und man muß sich überhaupt klarmachen, daß die Geschichte nicht wie andere Wissenschaften ihr besonderes Gebiet hat. Was für uns Geschichte ist, war für unsere Väter lebendige Gegenwart,
und was heute geschieht, ist morgen Geschichte. Tref-
fend hat Seignobos dies ausgedrückt, wenn er sagt,
daß ein Gegenstand nur »par position« historisch ist,
nämlich insoweit er für denjenigen Vergangenheit ist,

der ihn studiert. Aber darin liegt auch das dem Historiker Eigentümlichste: die äußerst verschiedenartigen Dinge, die er studiert, haben das eine gemeinsam, daß sie vergangen und nicht mehr vorhanden sind. Es bleibt somit die zentrale Aufgabe des Historikers, den Weg zu dem zu finden, was er nicht unmittelbar beobachten kann. Deshalb spielt auch in der Geschichte die Untersuchungsmethode eine so entscheidende Rolle.

Ein Historiker kann wohl auch auf seine persönlichen Beobachtungen bauen, aber er muß in solchem Falle doch — mag es sich nun um Erinnerungen oder Aufzeichnungen handeln — diese einer Prüfung ganz derselben Art unterwerfen, wie wenn er einem fremden Beobachter gegenüber stünde. Das Eigentümliche bei der historischen Beobachtung beruht wohl eigentlich darin, daß sie sich nicht wiederholen läßt, so gewiß wie der geschichtliche Vorgang nicht wiederkehrt.

5. Obgleich man seit weit über 2000 Jahren Geschichte geschrieben hat, ist das Eigentümliche historischer Untersuchung erst im 19. Jahrhundert richtig aufgeklärt worden. Noch um das Jahr 1800 verstand man nicht zwischen Sage und historischer Überlieferung scharf zu unterscheiden, und man machte daher auch damals keinen Unterschied zwischen sagenhafter und historischer Zeit. Den Durchbruch veranlaßten vor allem die berühmten Vorlesungen, die Niebuhr über die Geschichte Roms an der neuerrichteten Universität Berlin hielt, und die er bald darauf auch veröffentlichte (1811—13). Er zeigte, wie wenig man den späten Nacherzählungen bei Livius Glauben schenken könne, und suchte statt dessen die Grundlinien der Entwicklung der römischen Verfassung dadurch aufzufinden, daß er auf unser Wissen von deren Zuständen in späteren, besser bekannten Zeiten aufbaute und daraus Rückschlüsse zog. Während man anfangs eine

scharfe Grenze zwischen Sage und historischer Überlieferung ziehen zu können glaubte, lernte man bald,
daß jeder Bericht durch den Erzähler sein Gepräge erhält. Epochemachend wirkte hier Rankes Schrift
»Zur Kritik neuerer Geschichtsschreiber« (1824). Indem er Niebuhrs kritische Grundgedanken auf die neue
Zeit anwandte, wurden diese hier, bei dem reicheren
Quellenmaterial, weit fruchtbringender. Auf dieser
Grundlage arbeitete man nun weiter, und gleichzeitig
mit der Erkenntnis, daß man nicht uralte Sagen für
Geschichte nehmen kann, lernte die vorgeschichtliche
Archäologie, die Reste der Vorzeit für das Verständnis
des Lebens und der Kultur dieser fernen Zeiten auszunützen. In ihrer praktischen Anwendung hat die historische Methode einen hohen Grad von Vollkommenheit
erreicht. Lange Zeit bestand freilich geringes Interesse,
die Methode theoretisch klarzulegen, dies wurde jedoch in den letzten Jahren anders.

Bernheim hat sich dadurch ein großes Verdienst er-
worben, daß er in seinem »Lehrbuch der historischen Methode« als erster (1889) einen ernsthaften Versuch unternommen hat, die historische Methode in alle Einzelheiten
zu verfolgen; und für jede neue Auflage hat der fleißige
Autor sein ganzes Buch aufs neue durchgearbeitet (5. bis
6. Aufl. 1908). Sehr nützlich ist das Buch auch wegen seiner
reichen Literaturnachweise. Aber Bernheims systematische
Aufstellung scheint mir wenig befriedigend, und seine einzelnen Sätze sind nicht scharf formuliert.

Klarer, aber unzweifelhaft nicht so tiefgehend ist
Langlois und Seignobos, Introduction aux études historiques[3] (1905); vgl. auch das von Seignobos allein ver-
faßte Buch: La méthode historique appliquée aux sciences
sociales (1901). Vgl. jetzt auch W. Bauer, Einführung in
das Studium der Geschichte (1921).

6. Will man in kurzen Worten zusammenfassen, was
man im 19. Jahrhundert von den historischen Quellen

gelernt hat, so könnte man sagen, man habe eingesehen,
daß alle historischen Berichte infolge der subjektiven
Auffassung ihres Verfassers ihr Gepräge tragen, während
man auf der andern Seite alles, was noch aus der Vorzeit übriggeblieben ist, hervorgezogen und erkannt hat,
daß diese Quellen sicherer sind als die Berichte. Dieses
Verfahren führte ganz natürlich dazu, daß man die
Quellen selbst, entsprechend diesem Unterschied, zu
sondern versuchte und sie in zwei Hauptgruppen teilte:
Berichte (Tradition) und Überreste.

Diese Zweiteilung, die immer noch in Deutschland
vorherrschend ist, kann indes näherer Prüfung nicht
standhalten. Es ist klar, daß jeder Bericht gleichzeitig
einen »Überrest« bildet: was Saxo über die Taten der
Dänen erzählt, sind Berichte, aber sein Werk selbst
ist ein Überrest aus der Waldemarzeit. Damit fällt
schon die Zweiteilung zu Boden, und wenn man die
Sache richtig durchdenkt, zeigt sich, daß die ganze
Scheidung nicht eigentlich in den Quellen selbst beschlossen liegt. Es ist der Historiker, der bald die Quelle
als Bericht gebraucht, bald als Überrest benützt oder
richtiger als Erzeugnis, wie wir unten noch näher sehen
werden (§ 62).

Die deutsche Quelleneinteilung geht auf J. G. Droysen
zurück (Historik, 1868), der einen Unterschied machte
zwischen dem, was aus der Vorzeit erhalten ist (Überreste),
und dem, was mittels des Gedächtnisses überliefert ist
(Quellen oder Tradition); dazu fügte er eine Zwischenklasse:
Denkmäler, bei deren Errichtung für andere Zwecke die
Rücksicht auf die Erinnerung mitgewirkt hat. Bernheim
setzt Denkmäler unter die Rubrik Überreste, allerdings als
eine besondere Gruppe. (Interessant war mir die Feststellung, daß auch W. Bauer [S. 5] dieser Quelleneinteilung
kritisch gegenübersteht.)

Man wird demnach begreifen, wenn ich Bernheims
Verwunderung darüber nicht teilen kann, daß die Quellen-

einteilung in Überreste und Berichte nicht von den französischen Methodikern übernommen worden ist. Wenn diese
die Quellen, *documents*, in *matériels* und *figurés* oder *écrits*
sondern, so fällt das zwar mit meiner weiter unten gegebenen Einteilung in »stumme« und »redende« Quellen zusammen, aber der Ausdruck *matériels* ist nicht glücklich
gewählt.

7. Wünscht man eine Einteilung der Quellen
nach der Art und Weise, wie sie methodisch zu behandeln sind, so kann man sie einteilen in:

a) Überreste von Menschen der Vorzeit selbst und
   Überreste der Natur, die sie umgeben hat.

b) Erzeugnisse aller Art, die von Menschen der
   Vorzeit stammen und noch erhalten sind.

c) Das Leben der Gegenwart, soweit es Rückschlüsse auf die Geschehnisse der Vorzeit zuläßt.

Allerdings wird die ganz überwiegende Masse der
historischen Quellen unter die zweite Gruppe fallen.
Für diese Erzeugnisse je nach ihrer Art näher wieder
eine neue Gruppierung zu suchen, ist ziemlich unnütz
und hat in jedem Fall keine besondere Bedeutung für
die Untersuchungsmethode. Ihr gegenüber muß man
jedoch bemerken, daß viele Quellen irgendeine Mitteilung des Urhebers enthalten, mag das nun in Wort
oder Bild sein, und will man eine gemeinsame Bezeichnung für solche haben, so könnte man sie wohl am besten
als »redende« Quellen bezeichnen, obwohl das Wort
etwas altmodisch klingt. Diejenigen, die nicht eine
Mitteilung enthalten, blieben dann »stumme« Quellen.
Diese Scheidung hat nun wirklich methodische Bedeutung, insofern der Historiker die »stummen« Quellen
nur als Überreste (Erzeugnisse) benützen kann, während er die »redenden« sowohl als Überrest wie als
Bericht gebraucht (vgl. § 6, am Ende). Aber eine Zwei-

teilung der Quellen selbst nach diesem Gesichtspunkt
aufzustellen erweist sich doch in der Praxis als ganz
untunlich.

Eine solche Zweiteilung würde in sehr groben Zügen
derjenigen entsprechen, die in Deutschland üblich ist. Aber
zu welcher Unvernunft würde sie nicht führen! Wir haben
aus der Bronzezeit eine Reihe gleichartiger Geräte, die man
als Rasiermesser glaubt bestimmen zu können, und auf
einem Teil von ihnen erblickt man Abbildungen von Schiffen. Würde man diese letzteren in die eine Hauptgruppe
setzen und denjenigen Teil, der keine Abbildungen hat, in
die andere, so hieße dies, Dinge, die von Natur zusammen-
gehören, trennen. Wir finden außerhalb des römischen
Reiches viele Gegenstände, die in römischen Werkstätten
hergestellt sind; ein Teil von ihnen trägt geradezu den Namen
des römischen Fabrikanten, sind also »redend«, weit mehr
aber sind »stumm«. Wiederum würde es ganz unnatürlich
sein, diese Erzeugnisse unter zwei getrennte Hauptrubriken
zu verteilen. Aber von diesen primitiven »redenden« Quellen gelangen wir durch viele Übergänge empor zu dem großen
Geschichtswerk, und nirgends besteht eine methodische
Grenze.

Man spricht wohl von der Benutzung »verlorener
Quellen«, aber man meint damit Quellen, von denen
wir uns auf irgendeine Weise eine Vorstellung bilden
können.

Es ist verlockend, die Sprache oder die Sprachen als
historische Quelle aufzuführen. Wir können indes nicht unmittelbar beobachten, wie die Sprache, mag es sich nun um
das gesprochene Wort oder um die Schriftsprache handeln,
in der Vergangenheit beschaffen war. Wir schließen nur
darauf aus den noch vorhandenen Sprachresten. Ebenso-
wenig kann man Gebräuche und Sitten als Quellen anführen;
wir sehen einzelne ihrer Äußerungen und können sie uns
danach vorstellen.

Abgesehen von der Unhaltbarkeit der Zweiteilung hat
Bernheims Quellenübersicht auch Mängel in Einzelheiten.

Er spricht von »Produkten«, aber er spricht auf gleicher
Linie auch von Geschäftsakten und vielem andern, was
doch auch Produkte sind. Unter den Überresten führt er
»Zustände und Institutionen« an. Zustände und Institutionen der Vergangenheit kennen wir jedoch nicht unmittelbar, sondern einzig und allein durch die Quellen, die über
sie aufklären können; hier fehlt offenbar der Zusatz: der
Gegenwart, den übrigens B. selbst in seiner kleinen »Einleitung in die Geschichtswissenschaft« (Sammlung Göschen)
macht. Bezeichnend für die Mißlichkeit der Zweiteilung
ist der Umstand, daß Inschriften unter »Überreste« gesetzt
werden, »historische« Inschriften dagegen unter Tradition.

8. Wenn die historische Untersuchung darauf aus-
geht, mit Hilfe der Quellen den Weg zur Vergangenheit
zu finden, so kann man drei Hauptstufen unterscheiden. Es gilt zuerst, die Quellen ans Licht zu ziehen
und sie zugänglich zu machen; man könnte dies Heuristik
nennen, wenn man das Wort in sehr weitem Sinne gebrauchen will. Alsdann müssen die Quellen einer genauen Prüfung unterzogen werden, der Quellenkritik.
Schließlich hat man sich klar darüber zu werden, wie
man aus dem so geprüften Quellenstoff Schlüsse auf
die Wirklichkeit ziehen kann.

Was diese Stufen anbetrifft, so wechselt man in der
Praxis beständig zwischen der einen und der andern.
Die Prüfung des Quellenstoffes kann zur Auffindung
neuer Quellen den Weg weisen. Von der Wirklichkeit,
zu deren Vorstellung man gelangt ist, fällt wiederum
Licht auf die Natur und den Wert der Quellen zurück.
Aber will man das Verfahren verstehen und die Grundlinien ins Auge fassen, die man immer wieder bei allen
so überaus verschiedenartigen Quellen antrifft, so muß
die Scheidung scharf gezogen werden.

I. Die Quellen.

Erschließung und Aufbewahrung der Quellen.

9. Von früher Zeit an hat man literarische Quellen der Geschichte und Kunstwerke der Vergangenheit gesammelt. Welch große Bedeutung auch alle andern Überreste der Vergangenheit haben, so hat man dafür doch erst im letzten Jahrhundert Verständnis gewonnen, und so ist man überall auf der Welt gewaltig an der Arbeit, sie ans Tageslicht zu fördern. Jeder einzelne Fund wird mit der größten Sorgfalt ausgegraben, damit kein Aufschluß verloren geht, und in steigendem Maße ist man zu systematischen und erschöpfenden Nachforschungen gelangt. Die Wissenschaft der Volkskunde beginnt mit der Aufzeichnung der mündlichen Überlieferung und Beschreibung der Volkssitte nahezu im letzten Augenblick, da alles derartige in Gefahr ist, vor der gleichmachenden modernen Kultur zu verschwinden.

Die technischen Erfindungen der Neuzeit erlauben Wiedergaben, deren Zuverlässigkeit in der rein mechanischen Produktionsweise ihren Grund hat. Photographien werden jetzt auch außerhalb der Archäologie in weitem Maße verwendet, und photographische Porträts haben eine ganz andere Authentizität als Zeichnungen und Gemälde. Nachdem es gelungen ist, lebende Bilder von Begebenheiten zu stellen, kann deren äußerer Verlauf nun für alle Zukunft festgehalten werden (z. B. Filme aus dem Weltkrieg). Auf entsprechende Weise können Laute aufgefangen und durch den Phonographen aufbewahrt werden, und auch dieses

Verfahren wird eine wachsende Bedeutung für die Beschaffung historischer Quellen erlangen.

10. Die am Boden haftenden Überreste der Vorzeit werden vor Beschädigung seitens der Menschen durch gesetzliche Bestimmungen geschützt, und auch gegen die Zerstörung durch die Natur sucht man nach Möglichkeit sie zu schützen. Mit Restaurierung wird man in unsern Tagen zurückhaltender sein als früher; auch für die sog. stilgerechten Rekonstruktionen, deren Meister z. B. Viollet le Duc war, hat man keine Neigung mehr. Oft ist es sehr schwierig, die praktischen Forderungen des modernen Lebens mit den Wünschen der Wissenschaft in Einklang zu bringen, und wo die Denkmäler der Vergangenheit notwendigerweise völlig entfernt werden, muß man wenigstens deren Kenntnis durch Messungen und Abbildungen sichern.

Andere Quellen werden in Museen, Bibliotheken und Archiven gesammelt.

11. Die Museen, die aus den fürstlichen Kunstsammlungen und Raritätenkabinetten hervorgegangen sind, werden jetzt überwiegend von wissenschaftlichem Gesichtspunkt aus geleitet, und dank ihres verhältnismäßig jungen Bestehens läßt sich hier eine systematische Ordnung am leichtesten durchführen. Man ordnet nach Heimatsort und Zeit, sodann nach sachlichem Zusammenhang. Größere Funde sammelt man gern an einer Stelle, und man kann auch mit künstlichen Zusammenstellungen ein stark wirkendes Bild der Vergangenheit erzeugen.

Vgl. Dav. Murray, Museums, Their history and their use (3 Bde., 1904); die Zeitschrift »Museumskunde«, seit 1905.

12. Die Bibliotheken bewahren in ihren Handschriftensammlungen die Quellen in ihrer ursprünglichen Gestalt, aber wenn man hier eine systematische

Ordnung durchzuführen sucht, stößt man auf große
Schwierigkeiten, die teils von dem verschiedenartigen
Charakter der Schriftstücke selbst herrühren, teils von
dem historischen Ursprung der Sammlung, der z. B.
oft dazu führt, daß man andauernd die Schriftstücke
des einzelnen Sammlers oder Gelehrten zusammenhält.
Daher muß man suchen, durch systematische Kataloge
zu allem handschriftlichen Material die Wege zu weisen;
aber in dieser Beziehung ist man jetzt noch sehr im
Rückstand.

13. Im Gegensatz zu den Bibliotheken und Museen
sind die Archive aus dem rein praktischen Bedürfnis
der Regierungen und Institutionen entstanden, ihre
Akten aufzubewahren. Im Laufe der Zeit bildete sich
ein gewisser Unterschied heraus zwischen den Archiven
einzelner Institutionen, wo die Sachen aufbewahrt wurden, die praktisches Interesse für die Verwaltung hatten, und dem Hauptarchiv des Staates, wo die älteren
Sachen gesammelt wurden, und diese letzteren suchte
man dann nach historischen, chronologischen, topo-
graphischen und sachlichen Gesichtspunkten zu ord-
nen. Später, als die Archivmassen anwuchsen, erwiesen
sich diese künstlichen Ordnungen doch als unhaltbar,
und jede Archivordnung baut sich jetzt auf dem Prin-
zip der Provenienz (Herkunft) auf, indem man die
Sachen in der Ordnung beläßt, in der sie ursprünglich
entsprechend dem Geschäftsgang der betreffenden
Institution oder Regierungsbehörde niedergelegt wurden. Der Historiker muß sich also in die Organisation
der ursprünglichen Verwaltung einarbeiten; dann wird
er wissen, wo er zu suchen hat.

F. v. Löher, Archivlehre (1890); über die Ordnung nach
der Provenienz: S. Müller u. a., Handleiding voor het ordenen
en beschrijven van archieven (1898; deutsche Übersetzung
von H. Kaiser 1905). Archivalische Zeitschrift seit 1876.

Vorbereitung zur Quellenherausgabe; Festsetzung des Textes (Rezension).

14. Der Ausgabe einer Quelle geht eine vorbereitende Arbeit voraus. Bei Altertümern und andern stummen Quellen besteht diese zunächst in Reinigung und Instandsetzung; weit wesentlicher ist die Arbeit bei schriftlichen Quellen. Bisweilen sind wir in der glücklichen Lage, daß wir die eigenhändige Aufzeichnung des Verfassers selbst besitzen; weit häufiger hat man jedoch nur später geschriebene oder gedruckte Wiedergaben, und man muß alsdann versuchen, die ursprüngliche Gestalt wiederherzustellen. Das Hauptziel ist die Festsetzung des Textes, und zwar genau so wie der Verfasser selbst ihn hat geben wollen, da man doch nicht seine zufälligen Schreibfehler oder Versehen anderer Art übernehmen will. Das ist das, was die Philologen als Rezension bezeichnen.

15. Wenn das Ziel der Rezension auf diese Weise formuliert wird, so wird der Historiker sofort sehen, daß dies genau dieselbe Aufgabe ist, die er sich stellt, wenn er sich zuerst darüber klar werden will, welche primären Quellen er hat (§ 39), und wenn er alsdann aus diesen sich die Wirklichkeit vorzustellen sucht. Daher wird der Historiker auch die philologische Rezension leicht verstehen. Diese soll nur in ihren Grundzügen hier verfolgt werden.

Man beginnt damit, sich eine erschöpfende Kenntnis aller Handschriften und Abdrücke des Textes zu verschaffen, und das zwischen ihnen bestehende Verwandtschaftsverhältnis ausfindig zu machen. So gelangt man dazu, für die Abschriften eine Stammtafel — die Philologen nennen dies Stemma — aufzustellen, und daraus wird man ersehen, wie diese sich in gewisse Gruppen um gemeinsame Stammväter sammeln oder, um die

historische Terminologie zu benutzen, man erhält dadurch die Scheidung zwischen primären und sekundären
Quellen. Die letzteren werden als wertlos für die Rezension beiseite geschoben, die ersteren werden der ein-
dringendsten Prüfung unterzogen. Dabei wird sich oft
ergeben, daß einige von diesen in so nahem Verhältnis
zueinander stehen, daß man die Handschrift rekonstruieren kann, von der sie abstammen müssen, den
Archetypus, und zwar auf dieselbe Weise, wie der
Historiker oft eine verlorengegangene Quelle rekonstruieren kann.

So weit kann man meistens mit voller Sicherheit
gehen, aber wenn man von hier aus den eigenen Text
des Verfassers zu bestimmen sucht, zeigt sich dieselbe
Unsicherheit, wie wenn der Historiker von seinen primären Quellen aus Schlüsse auf die Wirklichkeit ziehen
will. Hier wendet der Philologe seine Konjekturalkritik
an, zu deren Ausübung teils allgemeine Kenntnis der
in Betracht kommenden Sprache gehört, teils ein Verständnis der stilistischen Eigentümlichkeiten und der
Denkart des Verfassers. Ferner muß man die Geschichte
der Schrift kennen und die Mißverständnisse, die auf
diesem Wege möglich sind[1]). Man darf wohl sagen, daß
die Konjekturalkritik auf Schlüssen aus Zusammen-
hängen und aus Gleichheit beruht, die auch bei historischen Schlußfolgerungen eine so große Rolle spielen
(§ 80 ff.).

[1]) Als typisches Beispiel für Konjekturalkritik kann die
Verbesserung angeführt werden, die der dänische Philologe Gertz
an einer Stelle der Passio S. Kanuti Regis (Knud d. Helliges
Martyrhist. S. 78 Anm., vgl. Vitae Sanctorum Danorum,
S. 66) vorgenommen hat. Dort steht in dem überlieferten Text,
daß der König die Hauptleute dazu gebracht habe, Gott zu ge-
horchen *etiam majorum vel sanctorum auctoritate*. Das ist sinnlos,
aber wenn man sein Augenmerk darauf richtet, daß der Verfasser
oft zwei gleichbedeutende Worte zusammenstellt, wenn man weiß,

daß das griechische Wort für »Heiliger«, *hagios*, im mittelalterlichen Latein *aius* geschrieben werden konnte, und wenn man schließlich sich daran erinnert, daß man im älteren Mittelalter oft Worte zusammenschrieb, wird man zu der Überzeugung geführt, daß der Verfasser *etiamajorum* geschrieben hat, was ein späterer Abschreiber nicht verstanden und daher durch Hinzufügung eines *m* »verbessert« hat.

16. Bei Urkunden, Akten und Briefen sind die handschriftlichen Verhältnisse im allgemeinen einfacher als bei Literaturwerken und Gesetzen. Sehr oft hat man das Original selbst, aber wo dies nicht der Fall ist, muß die Rezension nach den oben angedeuteten Regeln ausgeführt werden.

Ausgabe der Quellen; Technik und Plan.

17. Wenn der durch die Rezension festgelegte Text im Druck wiedergegeben werden soll, tritt eine Reihe technischer Fragen auf. Hierüber sollen einige Bemerkungen gemacht werden, die besonders auf diejenigen Quellen Rücksicht nehmen, von denen anzunehmen ist, daß der eigentliche Historiker sie herausgibt, Urkunden, Akten und Briefe, kleinere Geschichtswerke und dergl.

Einige Herausgeber haben gemeint, man solle sich bei dem Abdruck so sehr dem handschriftlichen Text nähern wie die Typographie zuläßt, und sie geben daher die Trennung der Zeilen und der Interpunktion, Abkürzungen, große Anfangsbuchstaben usw. wieder. Ein solcher Faksimiledruck oder diplomatischer Druck verursacht jedoch dem Herausgeber und Drucker viel Mühe und bietet in Wirklichkeit nur geringe Vorteile. Als Regel wird gelten, daß man mit größerer Freiheit verfahren darf. Man wird die meist ganz inkonsequente Zeichensetzung und Anwendung großer Anfangsbuchstaben aufgeben, Abkürzungen werden aufgelöst; beim Lateinischen kann dies mit voller Sicher-

heit geschehen, aber in Volkssprachen kann darüber
eine gewisse Unsicherheit herrschen.

Als Regel wird man eine buchstäbliche Wiedergabe
des Textes vorziehen; doch ist für das Mittelalter kein
Grund vorhanden, einen Unterschied zwischen *i* und *j*
und *u* und *v* zu machen, so wenig wie bei der Anwendung
von kurzem oder langem *s*. Gegen Ende des Mittelalters kommt eine Rechtschreibung auf, die in unglaub-
lichem Umfang Verdoppelung von Buchstaben und
viele andere Überflüssigkeiten anwendet; hier hat man
mit Recht den Weg einer Vereinfachung eingeschlagen,
die jedoch natürlich nach festen Regeln vorgenommen
werden muß (vgl. das Vorwort zu: Deutsche Reichstagsakten I, 1907).

Es ist eine schwierige Frage, wie man sich zu den römischen Zahlen des Mittelalters stellen soll. Die Umschrei-
bung in arabische Ziffern ist eine große Erleichterung, aber
erschwert allerdings das Erkennen von Fehlern, die sich
aus den römischen Zahlen erklären lassen (*lxxvi* kann
lxxxi werden, aber niemand wird darauf verfallen, daß
ein *81* von *76* herrühren kann).

Wenn man es nicht mit der Arbeit eines Abschreibers
zu tun hat, sondern mit individuell gefärbten Texten,
wird man sich selbstverständlich strenger an das Original halten.

18. Der äußerste Gegensatz zu dem vollständigen
Abdruck ist der Auszug, das Regest. Ein solches muß
den Aussteller der Urkunde angeben, und denjenigen,
an den sie gerichtet ist, weiterhin ihren Charakter (Eigen-
tumsurkunde, Schenkungsurkunde oder ähnliches),
schließlich ihr Datum (so weit es sich um das Mittelalter handelt, sowohl in der ursprünglichen Form wie
auch in der reduzierten). Bei Urkunden aus dem älteren Mittelalter führt man auch die ersten Worte der
»Arenga« an, der allgemeinen Betrachtung, mit der

die Urkunde eingeleitet wird. Solche Regesten können
in Bezug auf ungedruckte Urkunden nur zu vorläufiger
Orientierung dienen, aber sie sind vortrefflich als
Wegweiser, um festzustellen, wo eine Urkunde gedruckt ist.

J. F. Böhmer begann 1831 ein Regestenwerk für die
deutschen Kaiserurkunden, wobei er zuerst allein auf ge-
drucktem Stoff aufbaute; später erweiterte er seinen Plan
durch Einbeziehung ungedruckter Urkunden, und die von
ihm herausgegebenen »Regesta imperii« sind seitdem von
andern neubearbeitet und fortgesetzt worden. Doch sind
noch verschiedene Lücken in der Reihe vorhanden. — Über
die Papsturkunden hat Ph. Jaffé ein Regestenwerk für die
Zeit bis 1198 herausgegeben (2 Bde.[2] 1881—88). Eine Fortsetzung für die Zeit bis 1304 gab A. Potthast (2 Bde. 1874),
und schließlich hat P. Kehr ein territorial geordnetes Regestenwerk für die folgende Zeit begonnen.

19. Zwischen dem Abdruck und dem Regest steht
eine Reihe von Zwischenformen, die gegenüber der
überwältigenden Fülle von Akten aus dem späteren
Mittelalter und der Neuzeit in steigendem Maße zur
Anwendung kommen. Besonders Urkunden können
sehr verkürzt werden, weil die Formeln so weitläufig
sind. Am meisten Raum wird gewonnen, wenn man
die Worte und die Wortfolge der Urkunde ganz aufgibt,
etwas weniger, wenn man diese beibehält.

Auf vielerlei Weise können diese verschiedenen Formen der Herausgabe vermischt werden. Besonderer
Art ist die Ordnung des Stoffes nach gewissen kleineren
Gruppen, die alsdann durch eine objektiv referierende
Kennzeichnung der Urkunden aller Gruppen eingeleitet
werden, mit nachfolgendem Abdruck der wichtigsten;
diese Form wurde in den deutschen Reichstagsakten
und in den Hanserezessen angewandt und seitdem auch
sonst.

20. Jeder Herausgeber muß genaue Rechenschaft darüber abgeben, welchen Plan er verfolgt hat, so daß der Benutzer volle Klarheit darüber bekommen kann, was er in der betreffenden Ausgabe finden wird. Das Ideal wird immer darin bestehen, daß man ein Ganzes zu geben sucht, einerlei welcher Art, und darnach strebt, den Stoff innerhalb der Abgrenzung, die man gezogen hat, ganz auszuschöpfen. Der Herausgeber muß die Grundlage der Textgestaltung vollständig aufhellen und die Abfassungszeit des Textes aufklären; bei Urkunden muß er über Siegel und Aufschriften unterrichten und außerdem mitteilen, wo die Urkunde jetzt aufbewahrt wird, und wohin sie ursprünglich gehört hat. Bei der Herausgabe von historischen Berichten ist man in Deutschland völlig einig darüber, daß es die Pflicht des Herausgebers ist, über die Quelle jeder einzelnen Nachricht Auskunft zu geben. Und damit der Leser sofort sehen kann, was sekundär ist, wird dies in kleinerer Schrift gedruckt, während die Quelle am Rand angeführt wird; »gesperrt Petit« bedeutet, daß wohl der Inhalt, nicht aber die Worte aus der Quelle geholt sind.

Als Hauptprinzip gilt, daß der Herausgeber alles ermitteln muß, was mit objektiver Sicherheit gesagt werden kann. Es ist dies eine große und mühevolle Arbeit, aber der eine Herausgeber muß das auf sich nehmen, was sonst jeder einzelne Benutzer notwendigerweise tun müßte, wenn er kritisch zu Werke gehen will.

21. Vollständige Register dürfen bei keiner Editionsarbeit fehlen.

Ob man bei Namenregistern Personen und Orte voneinander trennen soll, darüber sind die Meinungen geteilt. Eine alphabetische Ordnung ist die gegebene, und sie muß nach den heutigen Formen der Namen

sich richten, aber mit Verweisung auf die älteren
Formen und umgekehrt. In Deutschland ist es ganz
üblich, daß man zu dem alphabetischen Personen-
register ein anderes hinzufügt, in dem die Personen
nach Ständen geordnet sind. Sehr aufschlußreich ist
eine topographische Ordnung der Ortsnamen, aber dies
beansprucht viel Raum. Jeder etwas größere Artikel
muß in kleinere Teile aufgelöst werden; gibt man nur
eine lange Reihe von Seitenzahlen, so wird der Benutzer
selten die Zeit oder die Geduld haben, sie nachzuschlagen.

Sachregister finden seltener Aufnahme, und es bietet
auch ebenso große Schwierigkeiten, sie erschöpfend
herzustellen, wie sie anzulegen. Die Ordnung nach
Buchstaben ist hier wenig befriedigend, und man wendet
besser eine systematische Aufstellung an. Ein Glossar
muß angefügt oder dem Sachregister eingegliedert
werden.

Gegenwärtige Organisation der historischen Forschung.

22. Die Ausbildung des Historikers vollzieht sich
auf den Universitäten, und hierbei spielen die Übungen
eine große Rolle. Wohl nach dem Vorbild der klassischen Philologie begann Ranke an der Universität Berlin
mit historischen Seminarübungen, die später überall
eingeführt wurden. In Deutschland hat jetzt jede
Universität ein historisches Seminar und mehrere
philologische Seminare, und an den größeren Universitäten gibt es reich ausgestattete Institute mit vielen
Räumen und umfassenden Bücherbeständen und andern Sammlungen. In Frankreich, das seit 1821 in
der École des chartes eine besondere Fachschule für
Archivare und Bibliothekare hat, wurden die Übungen außerhalb der alten Universitäten in der École des
hautes études heimisch, die Duruy im Jahre 1868 er-
richtete.

23. Die hohen Ansprüche, die heute an sorgfältige
und systematische Arbeit der Herausgeber gestellt
werden, machen es natürlich, daß diese in steigendem
Grade an feste Institutionen geknüpft wird, die über
viele wissenschaftliche Kräfte und ansehnliche Geld-
mittel verfügen. Das können Archive sein, die selbst
das Material, das sie aufbewahren, zugänglich zu machen
suchen, aber auch von allgemeinen wissenschaftlichen
oder von besonderen historischen Gesellschaften kann
die Tätigkeit geleitet werden. Eine sehr gründliche
und zuverlässige Übersicht über diese ganze Organisation findet sich bei Ch. Langlois, Manuel de bibliographie historique, 2. fasc. (1904).

In Deutschland wurde 1819 unter Steins Auspizien
die Gesellschaft für ältere deutsche Geschichtskunde ge-
gründet mit einem großangelegten Plan, alle Quellen, die
sich auf die ältere deutsche Geschichte beziehen, herauszu-
geben, und 1826 erschien der erste Band der Monu-
menta Germaniae historica (MG.). Geleitet von Pertz
und danach von Waitz, trug die Gesellschaft in hohem
Grade dazu bei, die Ansprüche an die Herausgabe zu er-
höhen; seit 1875 ist sie eine Reichsinstitution, die durch
Geldbeiträge von allen deutschen Staaten unterstützt wird.
Sie hat eine lange Reihe von Bänden herausgegeben, die
sich auf die Serien Scriptores, Leges, Diplomata, Epistolae
und Antiquitates verteilen, wozu (in Quart) Auctores anti-
quissimi und Scriptores rerum Merovingicarum samt den
Deutschen Chroniken und Necrologia (Indices 1896) kommen. Von vielen der Quellenschriften liegen Handausgaben
(in usum scholarum) vor. Studien über die Quellen werden
im Archiv (seit 1876: Neues Archiv) der Gesellschaft usw.
publiziert. Vgl. H. Bresslau, Geschichte der Monum. Germ.
hist. 1921. — Besonders im Hinblick auf die neue Zeit wurde
nach Rankes Ideen die »Historische Kommission bei der
Bayerischen Akademie der Wissenschaften« errichtet; ihr
verdanken wir große Editionsarbeiten wie die Chroniken der
deutschen Städte und die Reichstagsakten, dazu die Korre-

spondenz der Wittelsbacher, aber auch Werke darstellender
Art wie die Geschichte der Wissenschaften in Deutschland,
die Jahrbücher der deutschen Geschichte sowie die Allgemeine Deutsche Biographie.

In Preußen hat die Berliner Akademie sich besonders
um die Epigraphik verdient gemacht und die Ausgabe zuerst
der griechischen Inschriften nach Boeckhs Plan, später der
lateinischen nach dem Mommsens veranstaltet; sie bekundet
zugleich besonderes Interesse für ihren Stifter Friedrich II.
und hat sowohl seine Schriften wie seine Korrespondenz
herausgegeben. Die preußischen Staatsarchive wurden von
Sybel in eine weitumfassende Editionstätigkeit hineingeführt.
Die Wiener Akademie hat sich natürlich besonders auf die
Quellen zur Geschichte Österreichs und des Hauses Habsburg
konzentriert. Ringsumher in Deutschland wird eine große
Tätigkeit von »historischen Kommissionen« und lokalen Ge-
schichtsvereinen (die seit 1852 zu dem »Gesamtverein der
deutschen Geschichts- und Altertumsvereine« mit einem
eigenen »Korrespondenzblatt« zusammengeschlossen sind)
entfaltet. Für Landschaften und Städte werden große Urkundensammlungen herausgegeben; musterhaft ist das
Mecklenburgische Urkundenbuch, das 1863 begonnen, jetzt
bis 1400 gelangt ist.

Unter den historischen Zeitschriften Deutschlands
nimmt die von Sybel begründete Historische Zeitschrift
ständig den ersten Rang ein; katholisch gefärbt ist das
Historische Jahrbuch der Görresgesellschaft (seit 1880);
überwiegend mit deutscher Geschichte beschäftigt sich die
Deutsche Zeitschrift für Geschichtswissenschaft, fortgesetzt
als Historische Vierteljahrschrift. Dazu kommt eine Menge
von Lokalzeitschriften, von denen hier nur die Hansischen
Geschichtsblätter genannt sein mögen.

In Frankreich war die gelehrte Editionsarbeit seit
alter Zeit von den Benediktinern von St. Maur organisiert,
deren Pläne von der Académie des inscriptions fortgesetzt
werden, besonders der Recueil des historiens des Gaules et
de la France und die Histoire littéraire de France. Seit
1835 griff die Regierung nach Guizots Plänen kräftig ein

und ließ die umfassende Collection des documents inédits
sur l'histoire de France beginnen. Außerdem verdient die
Société de l'histoire de France genannt zu werden, die seit
1886 die Collection de textes pour servir à l'étude et à
l'enseignement de l'histoire herausgibt. — Führend unter
den historischen Zeitschriften ist die Revue historique,
1876 von Monod begründet; schon vorher hatte die kle-
rikale Revue des questions historiques begonnen.

In England ist die Editionstätigkeit mit zwei Regie-
rungskommissionen verknüpft. Die Rekordkommission von
1800 gibt Calendars of state papers heraus, Auszüge von
allen Akten, die sich auf Großbritannien beziehen; sie zer-
fallen in mehrere Reihen, domestic, foreign, colonial usw.
Die Rollskommission von 1857 gibt Chronicles and memorials
of Great-Britain and Ireland during the middle age heraus.
Außerdem wirken zahlreiche private Gesellschaften, besonders die Camden Society, aber die Editionstechnik
steht nicht auf derselben Höhe wie der Eifer und die Geld-
mittel. Erst 1886 wurde The English historical Review begründet.

Hier soll nicht auf die Verhältnisse in den andern europ-
äischen Ländern eingegangen werden, auch nicht auf die
große Tätigkeit, die in den nordamerikanischen Freistaaten
entfaltet wird (The American historical Review seit 1895).
Eine eigentümliche Stellung nimmt die große, von dem Jesu-
itenorden herausgegebene Quellensammlung ein, die 1643
von Johannes Bolland begründet wurde und die Heiligen-
leben nach den Kalendertagen geordnet wiedergibt; sie ist
jetzt bis in den Monat November gelangt. Als das Vati-
kanische Archiv 1881 den Forschern zugänglich wurde,
errichteten zuerst Österreich, danach Preußen und andere
Staaten historische Institute in Rom.

Die Kunst, die Literatur zu finden.

24. Die historische Literatur ist unermeßlich, und
die ganze übrige Literatur kann mehr oder weniger als
historische Quelle gebraucht werden. Es ist sehr schwierig,

sich hier zurechtzufinden: schwierig, was die Bücher
anbelangt, und noch schwieriger, was die Abhandlungen
in Zeitschriften betrifft. Hier können nur einige allgemein orientierende Bemerkungen über die wichtigsten
Hilfsmittel gegeben werden.

Über allgemeine Bibliographien unterrichtet Ch.
Langlois, Manuel de bibliographie historique, fasc. 1 (1901);
G. Schneider, Handbuch der Bibliographie[2] (1924).

Was die Geschichte anbetrifft, so wird man nicht mehr
wie in älterer Zeit versuchen, eine vollständige »Historische
Bibliothek« zusammenzustellen; eine Auswahl gibt P. Herre,
Quellenkunde der Weltgeschichte (1910); über neu erschie-
nene Literatur unterrichteten die »Jahresberichte der
Geschichtswissenschaft« in der Zeit von 1873—1913, die
neuerdings (seit 1918) durch die »Jahresberichte für deutsche Geschichte« z. T. ersetzt worden sind. Gute Literaturnachweise für das Altertum geben Pöhlmann und
Niese in ihren Grundrissen der griechischen und römischen
Geschichte (beide Bücher sind in Iwan v. Müllers Handbuch
der klassischen Altertumswissenschaft erschienen) und für
das Mittelalter und die Neuzeit Lavisse und Rambaud:
Histoire générale du 4ᵉ siècle à nos jours (1893—1901), sowie
die Cambridge Modern History (1902—12) und die Medieval
History (1911 ff.).

Ebenso kann man sehr viel aus den verschiedenartigen
Lexika lernen. Zunächst kommen da die allgemeinen Kon-
versationslexika in Betracht, von denen hervorgehoben
werden können: für Deutschland die von Meyer und Brock-
haus, für Frankreich La grande Encyclopédie, für England
Encyclopaedia Britannica. Ferner die biographischen
Lexika: für Deutschland die Allgemeine Deutsche Bio-
graphie (1875—1912), für England das Dictionary of national
biography (1885—1913) usw. Schließlich die ein einzelnes
Fachgebiet umfassenden Lexika und Handbücher: die
Real-Encyklopädie für protestantische Theologie und
Kirche[3], Wetzer und Welte, Kirchenlexikon[2] (katholisch),
— Handwörterbuch der Staatswissenschaften[3], — Pauly-

Wissowa: Realencyklopädie der klassischen Altertumswissenschaft, — Gröber: Grundriß der romanischen Philologie², — Paul: Grundriß der germanischen Philologie².

Zum Verständnis der Q u e l l e n dient für das Altertum: C. Wachsmuth, Einleitung in das Studium der alten
Geschichte (1895); für das Mittelalter: A. Potthast, Biblio-
theca historica medii aevi² (1896); U. Chevalier, Répertoire
des sources historiques du moyen âge (1877 ff.); H. Oesterley,
Wegweiser durch die Literatur der Urkundensammlungen
(2 Bde. 1885—1886; wenig befriedigend); für die Neuzeit:
G. Wolf, Einführung in das Studium der neueren Geschichte
(1910).

D e u t s c h l a n d besitzt eine vortreffliche Übersicht in Dahlmann-Waitz, Quellenkunde der deutschen
Geschichte⁸ (1912); die Quellen der älteren deutschen Geschichte sind eingehend von W. Wattenbach für das ältere,
von O. Lorenz für das spätere Mittelalter behandelt. —
Für B e l g i e n vgl. H. Pirenne, Bibliographie de l'histoire
de Belgique² (1902). — Für F r a n k r e i c h liegt vor
G. Monod: Bibliographie de l'histoire de France (1888);
sehr breit angelegt ist das von A. Molinier und mehreren
andern herausgegebene Werk: Sources de l'histoire de
France (1901 ff.). Außerdem kann auf die ausführlichen
Literaturangaben bei Lavisse, Histoire de France, hingewiesen werden. — Weniger befriedigend steht es mit E n g -
l a n d. Gardiner and Mullinger, Introduction to the study
of English history³ (1894), ist sehr kurz gefaßt, ausführlicher
Ch. Gross, Sources and litterature of English history to
about 1485² (1915).

Die historischen Hilfswissenschaften.

25. Das Studiengebiet des Historikers ist so weit
und verschiedenartig, daß er zu seinem Verständnis
Hilfe und Unterstützung bei fast allen andern Wissenschaften suchen muß; als Hilfswissenschaften im
engeren Sinn bezeichnen wir indessen eine Reihe von

besonderen Zweigen der Geschichtswissenschaft selbst, die für den Historiker namentlich bei seiner Prüfung der Quellen wichtig sind.

Unter den historischen Hilfswissenschaften beschäftigt sich die Paläographie mit der Schrift in Handschriften und Briefen, besonders Urkunden, die Epigraphik mit der Schrift der Inschriften; in nahem Verhältnis zur Schriftkunde steht die Urkundenlehre oder Diplomatik. W. Wattenbach, Das Schriftwesen im Mittelalter[3] (1896), folgt der ganzen Entstehung der Handschrift; C. Paoli, Grundriß zu Vorlesungen über lateinische Paläographie und Urkundenlehre, übersetzt von K. Lohmeyer (1889—1900), gibt eine kurze Übersicht, eingehender ist A. Giry, Manuel de diplomatique (1894), und H. Bresslau, Handbuch der Urkundenlehre für Deutschland und Italien, I—II, 1 (1912 bis 1915, unvollendet); E. M. Thompson, Handbook of Greek and Latin Palaeography[3] (1896). Wattenbachs kurze Wegweiser zum Lesen griechischer und lateinischer Handschriften sind nun veraltet; zur Auflösung von Abkürzungen wird A. Capelli, Lexicon abbreviaturarum[2] (1912), gebraucht; Faksimiles mittelalterlicher lateinischer Handschriften bieten: W. Arndt, Schrifttafeln[4] (1904), F. Steffens, Lateinische Paläographie[2] (1909: Schrifttafeln mit reicher Einleitung); O. Glauning, Deutsche Schrifttafeln des 9.—16. Jahrhunderts (1910—24).

Chronologie. Das beste Hilfsmittel ist H. Grotefend, Zeitrechnung des deutschen Mittelalters und der Neuzeit, 2 Bde. (1892—98), davon auch eine verkürzte Ausgabe (Taschenbuch der Zeitrechnung[5], 1922); W. F. Wislicenus, Astronomische Chronologie, ein Hilfsbuch für Historiker (1895).

Siegelkunde (Sphragistik). Von den unzähligen Siegeln ist bisher nur der geringere Teil veröffentlicht, und es ist noch nicht möglich, eine völlig befriedigende Übersicht über die Siegelkunde zu geben, was auch für die damit verwandte Wappenkunde (Heraldik) gilt. Orientierende Übersichten geben W. Ewald, Siegelkunde, und F. Haupt-

mann, Wappenkunde (beide 1914 in Below u. Meinecke,
Handbuch d. mittelalt. und neueren Geschichte, 4. Abt.);
G. Seyler, Abriß der Sphragistik (1884), und derselbe,
Geschichte der Siegel (1894).

Die Münzkunde (Numismatik) ist noch nicht nach
den kritischen Forderungen der Gegenwart durchgearbeitet,
noch weniger die für den Historiker so wichtige Preisge-
schichte. Einen Umriß gibt H. Dannenberg, Grundzüge
der Münzkunde[3] (1912); Luschin v. Ebengreuth, Münzkunde
und Geldgeschichte des Mittelalters und der neueren Zeit
(1904 in Below u. Meinecke, Handbuch d. mittelalt. u.
neueren Geschichte, 4. Abt.).

Die Genealogie hat einen eifrigen Vorkämpfer in
Ottokar Lorenz gefunden, der ein Lehrbuch der Genealogie
verfaßt hat (1898); vgl. auch Heydenreich, Handbuch der
praktischen Genealogie[2] (1913). Biographien in den großen
biographischen Lexika, s. S. 23; auch die allgemeinen Kon-
versationslexika enthalten reiche biographische Aufschlüsse.
Reihen mittelalterlicher Prälaten finden sich bei C. Eubel,
Hierarchia catholica medii aevi 1198—1431[2] (1913), 1431 —
1503 (1901) und 1503—1600 (1910).

Die Geographie wird nun niemand mehr wie in älterer
Zeit als eine historische Hilfswissenschaft bezeichnen, aber
sie spielt eine große Rolle für jedes historische Verständnis.
Die eigentliche historische Geographie, die teilweise mit der
von Ratzel geschaffenen Anthropogeographie zusammenfällt,
verlangt von ihren Bearbeitern in gleich hohem Grade
historisches und geographisches Verständnis, und das Material, auf dem sie beruht, ist, wenn man sich nur ein wenig
von unsern Tagen entfernt, außerordentlich zerstreut und
unvollständig. Die Ortsnamenforschung wird eifrig ge-
pflegt, und auch die alten Flurnamen werden jetzt gesammelt. Oft begegnet der Historiker den lateinischen Namen
von Ortschaften (J. G. Th. Grässe, Orbis latinus[2], 1909).
G. Droysen, Allgem. historischer Handatlas (1886).

Sprache: Zum Verständnis des mittelalterlichen La-
teins gibt es ein sehr unvollkommenes Hilfsmittel in Du-

cange, Glossarium ad scriptores mediae et infimae latinitatis
(1678; neu herausgegeben von Henschel, 7 Bde. 1840—50,
und von L. Favre, 10 Bde. 1883—87); vgl. P. Diefen-
bach, Glossarium latino-germanicum (1857) und Novum
Glossarium (1867). -- Jac. und Wilh. Grimm, Deutsches
Wörterbuch, begonnen 1854, nähert sich seinem Abschluß.
M. Lexer, Mittelhochdeutsches Taschen-Wörterbuch[15]
(1920). A. Lübben u. Chr. Walther, Mittelniederdeutsches
Handwörterbuch (1888).

II. Prüfung der Quellen.

26. Entsprechend der im § 7 gegebenen Einteilung
der Quellen kann man die Prüfung der Quellen folgendermaßen bezeichnen: sowohl gegenüber den Überresten der Menschen der Vorzeit wie ihren noch jetzt
erhaltenen Erzeugnissen bleibt es die Aufgabe, den Ursprung der Quelle näher zu bestimmen. Soweit die
Erzeugnisse »redende« sind, muß die Aussage ausgelegt
werden. Soweit die Aussage ein Zeugnis oder einen
Bericht über äußere oder innere Tatsächlichkeit enthält — was sie beinahe immer tut —, tritt die Bewertung der Zeugnisse ein.

Bernheim unterscheidet zwischen Kritik und
Auffassung. Aufgabe der Kritik ist es, die Übereinstimmung der überlieferten Quellendaten mit der Wirklichkeit (ihre „Tatsächlichkeit") zu beurteilen. Es handelt sich
hier teils um äußere Kritik: ob die Quellendaten überhaupt
ein Zeugnis sind, teils um innere: wie weit sie mit der Wirklichkeit übereinstimmen. Unter die äußere Kritik fällt die
Prüfung der Echtheit und des Ursprungs der Quelle sowie
die Quellenanalyse, wobei klargestellt wird, ob die Quelle
»Urquelle« oder abgeleitet ist. Die innere Kritik gibt zunächst die innere Wertbestimmung der Quelle (Charakter,
Einfluß der Individualität des Verfassers, der Zeit und des
Orts), danach wird gegenseitige Kontrolle der Quellen-
zeugnisse behandelt (mehrfach bezeugte Tatsachen, einmal
bezeugte Tatsachen; widersprechende Zeugnisse), und zu-
letzt wird dies alles in eine abschließende Beurteilung der
»Tatsächlichkeit« zusammengefaßt. — Das Ziel der »Auffassung« besteht darin, den Zusammenhang der Tatsachen zu

erkennen, d. h. die Tatsachen in ihrer Bedeutung für den
Zusammenhang zu verstehen: Interpretation; die Tatsachen miteinander zu verbinden: Kombination; sie sich
vorzustellen: Reproduktion, und schließlich die allgemeinen
Ursachen und Bedingungen des Zusammenhanges zu erkennen.

Diese ganze Aufstellung scheint wenig befriedigend; bei
der näheren Durchführung zeigt sich viel Unklarheit und
mannigfaltige Wiederholungen.

Bestimmung des Ursprungs der Quelle.

27. Die erste Stufe der Quellenkritik ist die Festsetzung des Ursprungs jeder einzelnen Quelle, d. h.
ihrer Zeit, ihrer Heimat und ihres Urhebers. Soweit
eine Quelle dies selbst angibt, z. B. eine Urkunde durch
Anführung des Ausstellers, der Zeit und des Orts, muß
man die Richtigkeit dieser Angaben untersuchen oder
mit andern Worten die Echtheit der Quelle prüfen.

Bei Überresten von Menschen der Vorzeit oder der sie
umgebenden Natur fällt ja die Frage nach dem Urheber
fort: es ist die Natur selbst, die hier der Erzeuger ist. Bei
Erzeugnissen von Menschen wird nach dem Urheber ge-
fragt, weil bei vielen Produkten der rein materielle Erzeuger
uns weniger wesentlich ist als der geistige Schöpfer des
Werkes; der Schreiber interessiert uns weniger als der
Autor, der Maurer weniger als der Baumeister.

28. Die Hauptgesichtspunkte, die bei dieser Untersuchung sich geltend machen, sind folgende:

    a) Fundstätte und Fundverhältnisse. Bei
    Erzeugnissen, die am Boden haften, kennzeich-
    net ja die Fundstätte sogleich den Ort der Her-
    kunft. Bei beweglichen ist es jedenfalls klar,
    daß das Erzeugnis an diese Stätte gekommen
    ist[1]). Die Fundverhältnisse zeigen auch oft die
    Ursprungszeit an und spielen eine entscheidende

Rolle in der ganzen vorhistorischen Altertums-
forschung (vgl. § 30).

Auch bei den schriftlichen Quellen muß man seine
Aufmerksamkeit darauf richten, wo die Quelle sich jetzt
befindet, und wo sie ursprünglich aufbewahrt worden ist.
Daß eine Urkunde sich unter den Akten des Absenders
befindet und nicht bei dem Empfänger, läßt die Vermutung
zu, daß sie nicht abgesandt worden ist[2]); die Zeit eines
undatierten Briefes kann vielleicht dadurch bestimmt werden, daß er zusammen mit andern in ein Kopialbuch ab-
geschrieben wurde.

[1]) Jap. Steenstrup meinte, daß die im Norden häufig ge-
fundenen goldenen Brakteaten von buddhistischen Ländern im
inneren Asien stammen; ein Ursprung so fern von der Fund-
stätte ist von vornherein sehr unwahrscheinlich.

[2]) Von einem Vertrag zwischen Dänemark und Preußen
1398 liegt das von jeder Seite ausgefertigte Exemplar mit allen
Siegeln versehen und in jeder Hinsicht vollgültig ausgefertigt
vor. Aber das von Dänemark ausgefertigte Exemplar befindet
sich im dänischen Reichsarchiv, das preußische im Ordensarchiv,
während dies umgekehrt gewesen wäre, wenn der Vertrag durch
gegenseitigen Austausch der Urkunden zustande gekommen wäre.

b) Material und technische Ausführung.
Das Material kann schon als Zeugnis dienen
(die Scheidung zwischen Stein-, Bronze- und
Eisenzeit), die Technik führt jedoch viel weiter,
und die Schrift hat oft einen so individuellen
Charakter, daß durch sie allein der Urheber
bestimmt werden kann[1]).

Die Schriftvergleichung, die jetzt so sehr durch die
photographischen Faksimiles erleichtert wird, ist ein Haupt-
mittel zur Aufklärung der Echtheit deutscher Urkunden
geworden; wenn fern voneinanderliegende Klöster, Städte
und dergl. in ihren Archiven Kaiserurkunden aufbewahren,
die von der Hand desselben Schreibers geschrieben sind, so
ist dies ein Beweis, daß sie wirklich aus der Kanzlei des
Kaisers stammen müssen.

¹) A. C. Höjberg-Christensen (Studier over Lybeks Kancellisprog fra c. 1300—1470, 1918) hat eine Reihe von Handschriften lübischer Stadtschreiber bestimmt und erst in Verbindung mit dem, was über die Heimat dieser Schreiber festgestellt werden kann, eine sichere Grundlage für die Bestimmung von deren Dialekteigentümlichkeiten zustande gebracht.

c) Bei schriftlichen Quellen: Sprache und Stil bis herab zu der Rechtschreibung¹). Die Philologen treiben diese Studien mit großer Virtuosität; oft ist jedoch die Untersuchung sehr schwierig, und man ist u. a. leicht versucht, das für individuelle Eigentümlichkeiten zu nehmen, was in Wirklichkeit gemeinsames Gepräge des Zeitalters ist²). In Urkunden und Akten, die von staatlichen Behörden ausgehen, sind Formen und Formulare mehr oder weniger streng festgelegt³), und ihre Prüfung hat sich zu einer ganzen Sonderwissenschaft, der Diplomatik, entwickelt, deren Begründer Mabillon (z. Zt. Ludwigs XIV.) gewesen und die neuerdings besonders von dem Österreicher Th. v. Sickel weitergeführt worden ist.

¹) In einer angeblichen Lutheraufzeichnung des Liedes »Ein feste Burg ist unser Gott« ist das Wort *wortleyn* einer der Beweise für die Fälschung, indem Luther fast ausnahmslos die Verkleinerungsform »lin« gebraucht (W. Bauer, S. 197).

²) H. Bresslau meinte beweisen zu können, daß die berüchtigten Kassettenbriefe wirklich von Maria Stuart geschrieben seien, und zwar dadurch, daß er ihren Stil und ihren Wortschatz prüfte, aber die Eigentümlichkeiten haben sich überwiegend als gemeinsam für die damalige Zeit erwiesen.

³) P. Hasse (Das Schleswiger Stadtrecht, 1879) bewies die Unechtheit des Privilegiums Sven Grathes für die Stadt Schleswig von 1155, indem er zeigte, daß die Formulare nicht denen entsprechen, die im 12. Jahrhundert von der Kanzlei des dänischen Königs angewandt wurden, sondern den Formeln, deren sich die Kanzlei im 13. Jahrhundert bediente.

d) Prüfung, wieweit die Quelle in Verwandtschaftsverhältnis zu andern steht[1]) oder doch in
diesen genannt wird.

[1]) Malespini behauptet, als Zeitgenosse die Geschichte von
Florenz am Ende des 13. Jahrhunderts geschildert zu haben,
aber durch Vergleichung seiner Darstellung mit Giovanni Villani,
der nach dem Jahr 1300 schrieb, hat Scheffer-Boichorst bewiesen, daß M. auf Villani fußt und also jünger als dieser ist.

e) Zusammenstellung des Inhalts der Quelle mit
dem, was man sonst über Personen oder Tatsachen weiß. Diese Prüfung liegt am nächsten
und ist am leichtesten zu verstehen[1]). Wenn
eine undatierte Urkunde als Aussteller eine
Reihe von Personen anführt, wird man meistens anderswoher so viel über deren Lebenszeit
wissen, daß man das Datum der Urkunde innerhalb recht enger Grenzen festsetzen kann. Aber
wenn eine datierte Urkunde von einer Begebenheit spricht, die tatsächlich erst später stattgefunden hat, wird man sofort verstehen, daß
sie unecht oder zum mindesten falsch datiert sein
muß[2]).

[1]) Wenn es in den dänischen Annales Ryenses bei 1219 heißt:
Rex Valdemarus Estoniam intravit et subdidit usque in praesens,
so geht daraus hervor, daß das Jahrbuch geschrieben ist, bevor
Dänemark 1346 Estland an den deutschen Orden abgetreten hat
(oder genau ausgedrückt, daß dieser Satz vor diesem Jahr ab-
gefaßt wurde).

[2]) In Papst Johanns X. Bulle von 920 an Erzbischof Unni
von Hamburg-Bremen wird sowohl Island wie Grönland als
unter den Erzbischof gehörend bezeichnet, obgleich Island erst
später bebaut und Grönland erst von Erich dem Roten 983 ent-
deckt wurde. Daß wir es hier mit einer späteren Fälschung zu
tun haben, erscheint demnach als ausgemacht*).

*) Daß diese und andere der ältesten Bullen an die Erzbischöfe von
Hamburg-Bremen nicht wirklich Originale sind, ist aus vielen Gründen
sicher. Sowohl das Material (Pergament, nicht Papyrus) wie die Schrift
beweisen, daß sie in viel späterer Zeit geschrieben sind. W. M. Peitz, Unter-
suchungen zu Urkundenfälschungen des Mittelalters, I (1919), hat indessen

die Hypothese aufgestellt, die erzbischöfliche Kanzlei habe später die ursprünglichen, im Laufe der Zeit stark mitgenommenen Papyrusbullen um-
geschrieben, um sie dem Papst vorzulegen, aber ohne daß dabei von einer
Fälschung die Rede sein könne. Die Erklärung ist sinnreich, scheint aber
bei der Nennung von Grönland zu versagen.

29. Kann der Ursprung einer Quelle genau bestimmt
werden, so folgt daraus von selbst, ob sie echt oder unecht ist. Eine unechte Quelle ist ja auch ein mensch-
liches Erzeugnis, nur ist sie nicht dort entstanden, wo
sie sich selbst als entstanden ausgibt, oder wo nach Angabe ihres Besitzers oder Benutzers ihr Ursprung ist.
Man darf sich deshalb auch nicht mit dem Beweis
der Unechtheit begnügen, sondern muß weiter die
Zeit und die Veranlassung der Fälschung aufzuklären
suchen.

Antiquitäten werden fortwährend gefälscht, besonders um finanziellen Vorteils willen. Wenn schriftliche
Quellen in späterer Zeit gefälscht werden, so liegt der
Grund oft in Eitelkeit, Patriotismus oder dgl.; wurde
jedoch die Fälschung in derselben Zeit vorgenommen, in
der man sie gebrauchte, so geschah dies auch wegen
ökonomischen oder andern Vorteils. Im älteren Mittelalter war die Urkundenfälschung sehr verbreitet, und
Männer der Kirche sahen wohl darin ein gesetzliches
Hilfsmittel gegen ihre barbarische Umgebung. Später-
hin im Mittelalter betrachtete man das Siegel als das
eigentliche Kennzeichen der Echtheit von Urkunden,
aber unglücklicherweise läßt sich ein Siegel sehr leicht
fälschen oder von einer Urkunde an die andere heften.

Man muß sich jedoch vor allzu schneller Annahme der
Unechtheit hüten, selbst wenn eine Quelle Züge enthält,
die Verdacht erwecken. Oft zeigt eine nähere Untersuchung,
daß solche Züge sich erklären lassen oder möglicherweise
nur auf einer falschen Schreibung oder einem Druckfehler
beruhen. Sehr oft kommt es vor, daß Aktenstücke vor-
oder nachdatiert sind[1]), was historisch gesehen als teilweise
Fälschung zu bezeichnen ist.

Erslev, Hist. Technik.   3

¹) Dänemarks Bestätigung, daß die Hansestädte die schoni-
schen Schlösser zurückgegeben hatten, ist vom 11. Mai 1385 datiert. Die Zurückgabe erfolgte jedoch erst mehrere Monate später,
aber als sie schließlich geschah, fand man sich auf dänischer Seite
bereit, die Bestätigung auf den Termin zurückzudatieren, auf
den die Schlösser hätten ausgeliefert werden sollen.

In Deutschland war man eine Zeitlang geneigt, viele
Kaiserurkunden für unecht zu erklären, weil die Datierung
nicht mit dem Aufenthaltsort des Kaisers übereinstimmt
(Böhmer, Stumpf). Es ist das Verdienst Jul. Fickers nachgewiesen zu haben, daß ein so grobes Vorgehen nicht zu
richtigen Resultaten führt (Beiträge zur Urkundenlehre
1877—78).

30. Die Bestimmung des Ursprungs der Quelle
beruht durchaus auf Vergleichung; das Unsichere wird
bestimmt durch Vergleichung mit dem Sichereren.
Hier liegt ein Kreisschluß vor, der u. a. eine Rolle in
der Geschichte der Diplomatik gespielt hat (Papebroch
und Mabillon); aber in den historischen Zeiten liegen
doch so viele relativ sichere Anhaltspunkte vor, daß
eine allgemeine Skepsis hier in der Luft schwebt. Mit
größerer Schwierigkeit hat das vorgeschichtliche Studium zu ringen, wo die von vornherein gegebenen Anhaltspunkte fehlen. Hier sind die Fundverhältnisse die
Hauptgrundlage und geben nach und nach eine sichere
Zeitfolge, die außerdem durch Prüfung des Entwick-
lungsganges der Formen (Typologie) gestützt werden
kann.

Bernheim stellt zuerst dar, wie man die Echtheit einer
Quelle prüft, teils wenn sie etwas anderes ist, als wofür sie
sich selbst ausgibt (»Fälschung«), teils wenn sie etwas anderes ist als das, wofür »wir« sie gehalten haben (»Irrtum«),
und zeigt erst nachher, wie man den Ursprung der Quelle
bestimmt. Dies scheint völlig verkehrt und führt zu einer
doppelten oder dreifachen Reihe von Wiederholungen.
(W. Bauer hat die logische Ordnung.)

Die Auslegung.

31. Die Auslegung (Interpretation, Hermeneutik der Philologen) geht darauf aus, zu erklären, was die redende Quelle sagt, d. h. was der kundige Leser der damaligen Zeit aus ihr herausgeholt haben würde. Eine Aussage kann an einen einzelnen, an einen bestimmten Kreis oder an die Allgemeinheit gerichtet sein, und dies spielt bei dem Verständnis von ihr eine Rolle.

Die Philologen erklären meist, es sei das Ziel der Hermeneutik, die Meinung des Verfassers zu finden; theoretisch kann der Historiker dasselbe sagen, aber in der Praxis liegt oft die Sache ganz anders. Dies beruht auf zwei verschiedenen Umständen. Die Philologie beschäftigt sich besonders mit Werken von Schriftstellern, deren Ausdrucksweise stark individuell geprägt ist; der Historiker benützt in erster Linie historische Darstellungen, die in der Regel leichter verständlich sind als z. B. Dichterwerke, und nebenbei eine Mannigfaltigkeit von Akten, deren individuelle Urheber oft gar nicht bestimmt werden können, und die sogar oft aus der Zusammenarbeit von mehreren hervorgegangen sind. Weiterhin behandeln die Philologen besonders Werke, bei denen schon die Erklärung des Wortlautes des Textes oft große Schwierigkeiten bietet (vgl. § 15); für die Historiker liegt die Quelle häufig in völlig authentischer Gestalt vor. Oft wird eine solche Quelle auch rechtsbildende Wirkung ausüben (die Urkunde) oder einen Befehl enthalten, der befolgt werden soll, und in solchen Fällen kommt es gerade darauf an, was der Empfänger aus ihr herausholen kann. Wenn der Verfasser sich irreführend ausgedrückt oder bloß falsch geschrieben hat, so hat die Urkunde oder der Befehl gleichwohl in dieser Form gewirkt[1]. Natürlich hat es auch Interesse, ob man ermitteln kann, daß der Verfasser etwas anderes gemeint hat, als geschrieben steht, aber das bleibt ein Schluß auf die Wirklichkeit, nicht eine Auslegung.

[1] Wenn ein veröffentlichter Zolltarif einen unrichtigen Satz enthält, so muß diesen gleichwohl der Zollbeamte in Anwendung

bringen, bis der Fehler durch eine neue Verordnung berichtigt
ist. — Wenn ein Feldherr die Besetzung einer gewissen Stellung
mit drei Kompagnien befiehlt, würde der Offizier zur Ausführung
berechtigt sein, selbst wenn er der Ansicht wäre, daß die angege-
bene Mannschaft zu gering ist. Und denkt er sich, das Wort
Kompagnien in dem Befehl sei ein Schreibfehler für Regimenter,
so kann er wohl mit Rücksicht darauf handeln, aber wird
sich dann darüber klar sein, daß er dies auf eigene Verant-
wortung tut.

32. Die Auslegung schriftlicher Quellen kann
unter folgenden Gesichtspunkten näher gegliedert
werden:

a) Die Schrift selbst zu verstehen und alles, was
damit zusammenhängt[1]); das ist der Gegenstand einer der Hilfswissenschaften der Geschichte, der Paläographie und der damit
parallel laufenden Epigraphik (vgl. S. 25).

b) Die Worte jedes für sich und in ihrem Zusammenhang zu verstehen nach dem Sprachgebrauch
des Landes, der Zeit und des individuellen Verfassers. Am raschesten fällt in die Augen, wie
Fachausdrücke ihren Sinn ändern; *dux* und
comes bedeuten im klassischen Latein Anführer
und Begleiter, kommen aber im Mittelalter zu
der Bedeutung Herzog und Graf; *consul* wird
zu Ratsherr, *proconsul* zu Bürgermeister; *miles*,
ein Krieger, bedeutet um das Jahr 1000 einen
gerüsteten Reiter, einige Jahrhunderte später
einen Ritter. Aber auch die Bedeutung anderer
Worte wechselt oder wird verschoben.[2])[3])

c) Den Inhalt aus dem Ganzen zu verstehen[4]).
Ein tadelnder Ausdruck hat ganz anderes Ge-
wicht, wenn er in einer Leichenpredigt gebraucht
wird, als wenn er in einem Pamphlet vorkommt;
»Lüge« bedeutet weit mehr in einer juristischen
Eingabe als in einem Freundesbrief.

d) Den Inhalt auf Grund der Anschauungen der
Zeit und des Verfassers zu verstehen[5]). Im
Mittelalter ist die ganze Auffassung in solchem
Grade durch kirchliche Lehrmeinungen ge-
färbt, daß man beständig darauf Rücksicht
nehmen muß.

[1]) Wenn wir wünschen, daß ein ausgestrichenes Wort trotzdem mitgelesen werden soll, so setzen wir kleine Punkte darunter;
im Mittelalter bedeutet das Daruntersetzen von kleinen Punkten
gerade das Gegenteil, nämlich daß das Wort oder der Buchstabe
wegfallen soll.

[2]) Während der schleswig-holsteinischen Bewegung berief
man sich gegenüber der dänischen Behauptung, Schleswig sei in
Dänemark inkorporiert worden, u. a. auf die sog. Constitutio
Waldemariana von 1326, die folgendermaßen lautet: *Item ducatus
Sunderjutie regno et corone Dacie non unietur nec annectetur, ita
quod unus sit dominus utriusque.* Auf dänischer Seite neigte man
zu der Ansicht, daß dieser Artikel, der in der Handfeste gestanden
haben soll, die Herzog Waldemar von Schleswig bei seiner Wahl
zum König ausstellte, und deren Original nicht vorhanden ist,
eine spätere Fälschung sei, die die Holsteiner dem Grafen Christian
von Oldenburg bei seiner Wahl zum dänischen König 1448 vor-
gelegt hätten, um sie von ihm bestätigt zu erhalten. Der Ausdruck *ducatus Sunderjutie* spricht indes gegen eine Fälschung,
die kurz vor 1448 hätte vorgenommen werden müssen. Ein Fälscher aus dieser Zeit hätte entweder naiv den damaligen Ausdruck
gebraucht, *ducatus Sleswicensis*, oder würde denjenigen Ausdruck
genommen haben, der im Lehnsbrief von 1326, *ducatus Jutie*,
angewandt wird. Auf die Bezeichnung *ducatus Sunderjutie*, die
eine mehr alltägliche Ausdrucksweise des 14. Jahrhunderts ist,
würde ein Fälscher schwerlich verfallen sein.

[3]) In der sog. Konstantinischen Schenkungsurkunde wird
von einer Überlassung von *omnes Italiae seu occidentalium regio-
num provinciae* an den Papst gesprochen, aber *seu* bedeutet
hier »und« und nicht »oder«.

[4]) Lange Zeit hindurch faßte man das Erdbuch Waldemars
(Liber census Daniae, zuerst herausgegeben von Langebek in
Scr. rer. Danic. VII) als eine Einheit und als ein Ganzes auf.
Diese Annahme mußte man aufgeben, als eine nähere Prüfung,
zuerst von C. Schirren und dann von andern, zeigte, wie das

»Erdbuch« aus vielen Stücken ungleichen Charakters und verschiedener Zeit zusammengesetzt ist. Aber dadurch wurde auch
jedes einzelne Stück in ein neues Licht gestellt.

[5]) Bei dem Streit um die Echtheit der Constitutio Waldemariana (vgl. oben Note 2) wies man von dänischer Seite darauf
hin, daß sie jedenfalls zur Seite geschoben worden sei, als König
Christian I. 1460 zum Herzog von Schleswig (und Grafen von
Holstein) gewählt wurde; von deutscher Seite glaubte man oft
behaupten zu können, daß der Artikel doch befolgt worden sei,
da man den König nur als Herzog, »nicht als König« gewählt
habe, was stark betont wird. Es ist jedoch klar, daß Graf Ger-
hard von Holstein, der Urheber dieses Artikels, nicht diese Auffassung gehabt haben kann, so gewiß als er gerade durch die
Bestimmung den schleswigschen Waldemar verhindern wollte, das
Herzogtum Schleswig zu behalten, nachdem er zum König von
Dänemark gewählt worden war.

33. Bei der Auslegung bildlicher Darstellungen
werden dieselben Gesichtspunkte wiederkehren, aber
mit entsprechenden Änderungen. Um ein mittelalter-
liches Gemälde verstehen zu können, muß man die
eigentümliche Malweise der Zeit berücksichtigen, z.
B. die mangelhafte Perspektive; man muß sich die
Stellungen und Attribute der einzelnen Figuren klarmachen; man muß sehen, ob man ein allegorisches
Bild oder eine einfache Schilderung des wirklichen Lebens vor sich hat usw.

34. Die Auslegung soll so klar und scharf wie möglich durchgeführt werden, und besonders muß man sich
hüten, an die Auslegung mit vorgefaßten Meinungen
oder Theorien[1]) heranzugehen. Aber man muß es auch
vermeiden, mehr in die Quelle hineinzulegen, als was
wirklich darin liegt (»Hineinlesen«).

[1]) Die berühmten Akten über die Erbhuldigung in Schleswig 1721 sind an sich nicht schwierig auszulegen. Trotzdem
haben Dänen und Deutsche ein Jahrhundert hindurch darum
gekämpft, sie richtig zu verstehen, weil beide Seiten darin einig
waren, sie von der staatsrechtlichen Voraussetzung aus zu lesen,

daß die Erbfolge des Königsgesetzes von vornherein nicht für den königlichen Anteil von Schleswig gelte, während die Akten tatsächlich gerade von der entgegengesetzten Auffassung aus geschrieben sind. Kr. Erslev, Kong Frederik IV og Slesvig 1901, vgl. C. A. Volquardsen in Zeitschr. d. Gesellsch. f. Schleswig-Holstein. Gesch. XXXIII, 286.

35. Die Auslegung beruht wie die Bestimmung des Ursprungs auf Vergleichung; die einzelne Aufzeichnung wird durch Zusammenstellung mit andern Aufzeichnungen aus derselben Zeit, und zwar am besten desselben Verfassers verstanden. Oft muß der Kreis der Zusammenstellung sehr weit gezogen werden. Einhards Lebensbeschreibung Karls des Großen ist mosaikartig aus Sätzen von Suetons Kaiserbiographien zusammengestellt[1]); die Chroniken des Mittelalters sind mit Bibelworten durchsetzt, seine Heiligenlegenden sind oft nach einem bestimmten Schema aufgebaut.

Bernheims Darstellung der Auslegung ist im ganzen sehr gut, weil sie sich auf die glänzende Methode der Philologen, besonders der klassischen stützt. Seine Auslegung weist jedoch auf Mängel seiner Quelleneinteilung (§ 6) hin; wenn er »Tradition« interpretiert, wird sie hier etwas ganz anderes, als was sie nach der Definition sein sollte, nicht historische Schilderungen, sondern alles, was ich redende Quellen nenne. Man muß zugleich im Auge behalten, daß Bernheim unter Interpretation ungefähr das versteht, was ich als Schluß auf die Wirklichkeit bezeichne, und er definiert daher zunächst die Aufgabe der Interpretation dahin, die Tatsachen in ihrem Zusammenhang zu verstehen. Wenn er indes nach einem ziemlich inhaltsarmen Abschnitt über »Interpretation der Überreste« zu der Interpretation der »Tradition« kommt, so hat sich ihm das Ziel derselben dahin verschoben, daß es mit der »Meinung des Verfassers« zusammenfällt, und sowohl »Tatsachen« wie »Zusammenhang« sind ihm entglitten.

[1]) In der ältesten Lebensbeschreibung von Mathilde, der Gemahlin des deutschen Königs Heinrich I., ist die Schilderung

der ersten Begegnung des Königs mit ihr nur eine Übertragung
einer Stelle aus Virgils Aeneide, und eine schöne Charakteristik
des frommen jungen Königs ist aus Terenz' Andria genommen.
Rahewin macht aus einer Ansprache, die Agrippa bei Josephus
an die Juden hält, eine solche des Patriarchen von Aquileja an
die Bürger von Crema, und seine Schilderung der Heeresordnung
Friedrich Barbarossas auf dem Zuge gegen Mailand ist eine
Kopie der Vespasians auf dem Marsch nach Galiläa. H. Bresslau,
Aufgaben mittelalterlicher Quellenforschung (1904), S. 17 f.

Die Zeugenbewertung.

36. Die Auslegung zeigt uns, was in der Aussage
der »redenden Quelle« liegt, aber meistens sind darin
gleichzeitig Mitteilungen enthalten, denen gegenüber wir
die Frage erheben müssen, ob sie mit der Wirklichkeit
übereinstimmen. Wir sehen dies am leichtesten, wenn
wir an das Werk eines Historikers der Vergangenheit
denken. Die Auslegung zeigt uns, welchen Eindruck
es bei den Lesern des Historikers hervorgerufen hat,
aber wir wünschen doch vor allem zu erfahren, ob die
Begebenheiten, von denen er erzählt, wirklich sich so
zugetragen haben, und wir fragen, ob er sachkundig und
zuverlässig ist. Aber diese Frage entsteht überall. Wir
lesen auf einer Grabschrift, wann der Verstorbene gelebt und was er getan hat; auf der Schaumünze, die
zur Erinnerung an eine bemerkenswerte Begebenheit
geschlagen ist, wird diese sowohl in der Inschrift wie
auch in der figürlichen Darstellung der Medaille geschildert: in beiden Fällen wollen wir wissen, ob die
Mitteilungen die Wirklichkeit richtig wiedergeben. Derselbe Gesichtspunkt macht sich bei zahlreichen Erzeugnissen des praktischen Lebens der Vergangenheit
geltend. Das Urteil gibt uns nicht nur die Entscheidung
des Richters über die umstrittenen Fragen, sondern
schildert diese selbst, und wir fragen, ob diese Schilderung nun auch ganz richtig ist. Im Erdbuch steht dieser

Bauer mit dieser Abgabe aufgeführt, sein Nachbar mit
jener; ob die Namen und Abgaben richtig angegeben
sind, hängt davon ab, ob der Verfasser des Erdbuches
gut und genau unterrichtet war. Jedes Dichterwerk
enthält mannigfache Aufschlüsse über das Leben der
Zeitgenossen, und den homerischen Dichtungen kann
man ein ganzes Bild der altgriechischen Kultur ent-
nehmen; aber bei jedem einzelnen Zug muß man fragen,
ob er nun der Wirklichkeit entspricht oder nur in der
Phantasie des Dichters lebt.

So können nicht nur historische Berichte, sondern
fast alle redenden Quellen als Beobachtungen der
Außenwelt benutzt werden, und stets muß man dabei
nach der Zuverlässigkeit des Vermittlers fragen; bevor wir Schlüsse auf die Wirklichkeit ziehen, müssen
wir den Erzähler als Zeugen zu bewerten suchen. Aber
genau dasselbe gilt von dem, was diese Quellen über
den Berichterstatter enthalten. Unwillkürlich tritt diese
Frage zutage, einerlei ob es sich um seine äußeren Handlungen oder um seine Gedanken und Gefühle dreht.
Wenn der Staatsmann seine Wünsche und Ansichten
ausspricht, wenn der Privatmann seinem Freunde mitteilt, daß er froh und zufrieden ist, oder nur in einem
solchen Tone schreibt, daß er dadurch diesen Eindruck
hervorruft, dann wagen wir weder das eine noch das
andere als wirklich festzustellen, bevor wir geprüft
haben, ob von dem Sprecher angenommen werden
kann, daß er die Wahrheit gesagt hat. Wie weit die
Zeugenbewertung zu voller Gewißheit geführt werden
kann, ist eine Sache für sich; daß sie immer vorgenommen werden muß, ist sicher.

In dieser Frage sieht man, wie unglücklich die in
Deutschland herrschende Zweiteilung der Quellen in Überreste und »Tradition« ist (§ 6). Sie führt nicht nur dazu,
immer wiederholen zu müssen, daß auch die Überreste oft

Tradition enthalten; vielmehr stellt allein schon die An
wendung dieses künstlichen Wortes an Stelle des einfachen
Wortes »Aussage« oder »Zeugnis« die Dinge in ein schiefes
Licht. Wie gekünstelt ist es doch, die Mitteilung eines
Briefschreibers über die letzten Tagesneuigkeiten oder die
Darlegung eines Advokaten über die näheren Umstände
des Prozesses oder die Notizen eines Rechenschaftsbuches
als Tradition zu bezeichnen.

37. Die erste Frage, die sich bei der Zeugenbewertung erhebt, ist die, ob der Zeuge etwas erzählt, was
er selbst gesehen oder gehört hat, oder ob er nur wiedergibt, was er von andern weiß. Um darüber zur Klarheit
zu kommen, muß der Historiker das gegenseitige Verhältnis der Berichte untersuchen, und wenn es sich zeigt,
daß sie in Verbindung miteinander stehen, muß er
untersuchen, wie die Verbindung ist, oder mit andern
Worten, die Verwandtschaft der Quellen bestimmen.

Bei dieser Untersuchung dient es bisweilen als eine
Hilfe, daß der eine Schriftsteller ausdrücklich als seine
Quelle den andern anführt. Heutzutage wird dies ja
das gewöhnliche Verfahren sein, jedenfalls in gelehrten
Arbeiten. Aber in älterer Zeit war dies nur selten der
Fall. Meistens muß man da selbst durch Vergleichung
das Verhältnis ausfindig machen; und der Untergrund
hierfür ist der Erfahrungssatz, daß zwei voneinander
unabhängige Zeugen eine Begebenheit nicht völlig
übereinstimmend auffassen oder wiedergeben werden,
wenn die Begebenheit nicht außerordentlich einfach ist
oder die Schilderung gewisse stehende Formeln benützt. Wenn wir in zwei Jahrbüchern finden: »814
starb Kaiser Karl«, so ist dies natürlich nicht genug,
um eine Verbindung zwischen den beiden Quellen
festzustellen; wenn wir dagegen für das Jahr 1216
lesen in den

Annales Ryenses:

Gelu super Albiam viam pre-
bente, rex Waldemarus cum
exercitu transivit ad terram
Henrici comitis Palatini, quam
vastavit incendio

Annales Sorani (bis 1300):

Gelu super Albiam viam pre-
bente, rex Waldemarus trans-
iens terram comitis Henrici
Palatini incendio devastavit

so werden wir nicht in Zweifel darüber sein, daß die
zwei Schriftsteller nicht unabhängig voneinander auf
eine so genau übereinstimmende Ausdrucksweise verfallen konnten. Am leichtesten wird die Verwandtschaft
nachgewiesen, wenn beide Schriftsteller in derselben
Sprache schreiben; hier wird selbst eine geringe Gleichheit der Worte genügen, die Verwandtschaft darzutun.
Aber selbst, wo dies nicht der Fall ist, wird man doch
bald zur sicheren Überzeugung darüber kommen, wieweit eine Verbindung besteht oder nicht, und dies
um so leichter, als die mehr naiven Schriftsteller älterer Zeiten bei ihrer Schilderung oft kein Gewicht
darauf legten, von ihren Vorgängern abzuweichen.

38. Schwieriger als das Vorhandensein einer Verwandtschaft zu beweisen, ist es zu bestimmen, wie beschaffen die Verwandtschaft ist. Man muß sich
dabei klarmachen, daß wenn von einem Bericht A sich
beweisen läßt, daß er in einem Verhältnis zu dem Bericht
B steht, es drei Hauptmöglichkeiten für die Verwandtschaft gibt; sie können in Stammbaumform folgendermaßen dargestellt werden:

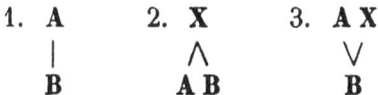

1. A   2. X   3. A X
   | /\   \/
   B   A B   B

Nach 1 hat B seine Kenntnis unmittelbar von A.
Nach 2 rührt die Verwandtschaft daher, daß beide aus
ein und derselben Quelle geschöpft haben. Nach 3
stammt B's Übereinstimmung mit A daher, daß er

diese Quelle benutzt hat, aber er weicht von ihr ab, weil er gleichzeitig eine andere Quelle benutzte. Diese einfachen Grundverhältnisse zeigen sich immer wieder selbst da, wo das Verhältnis verwickelter wird, und sie weisen daher auf die Möglichkeiten hin, die man bei der Vergleichung ständig vor Augen haben muß. Wenn dies geschieht, und wenn man zugleich, was oft möglich, darüber unterrichtet ist, in welchem Zeitpunkt jeder Schriftsteller geschrieben hat, so wird man in der Regel bei geduldiger Arbeit ein Resultat erreichen. Es gilt hier daran festzuhalten, daß man nicht den einzelnen Bericht mit dem andern vergleichen muß, sondern das ganze Werk mit andern Werken oder richtiger den ganzen Schriftsteller mit andern. Es wird sich nun ergeben, daß während man anfangs mehrere Möglichkeiten vor sich sieht, doch bei fortgesetzter Vergleichung die eine oder die andere ausscheidet. Dieser Zug zeigt, daß A von B benutzt wurde, jener, daß dieser nicht C gekannt hat usw. Gemeinsame Fehler sind hier besonders aufschlußreich, da es von vornherein wenig wahrscheinlich ist, daß zwei Schriftsteller unabhängig voneinander denselben Fehler begehen sollten[1]). Bei der Vergleichung wird man gleichzeitig einen immer klareren Blick dafür bekommen, wie die Schriftsteller gearbeitet haben; man wird sehen, daß der eine seinem Vorgänger ziemlich genau folgt, der andere die Darstellung mehr umarbeitet oder durch eigene Vermutungen erweitert. Und nach diesem Hintergrund wird man die einzelnen Fälle beurteilen und bei den Schriftstellern der letzteren Art nicht sofort annehmen, daß sie andere Quellen gehabt haben als die uns bekannten, selbst wenn sie recht stark von ihrem Vorgänger abweichen.

Die Änderungen, die eine Erzählung dadurch erleidet, daß sie von dem einen Schriftsteller auf den andern übergeht, können so eingreifend sein, daß derjenige, der nur das erste und das letzte Glied der Kette vergleicht, sich überhaupt keine Verbindung denken kann. Über diese Veränderungen siehe Näheres § 41.

[1]) Wenn Detmar erzählt, daß 1217 Graf Albrecht die Burg Travemünde erbaute, müssen die dänischen Annales Ryenses seine Quelle sein. Denn deren »Travemünde« beruht auf einem Mißverständnis, indem ihre Quelle (Annales Waldemariani) von einem *castrum super ampnem Swingae* (bei Stade) spricht. Wahrscheinlich ist hier eine Unklarheit in der Originalhandschrift des letztgenannten Jahrbuchs gewesen, wodurch auch eine andere davon abgeleitete Quelle, Annales Sorani bis 1300, das sonderbare: *castrum super ampnem* erhalten hat.

39. Die Quellenanalyse führt dazu, daß wir die Berichte in primäre und sekundäre scheiden können. Sekundär ist ein Bericht, wenn er seine Kenntnis aus Berichten schöpfte, die wir noch besitzen, oder mit andern Worten, wenn der Verfasser kein größeres Wissen gehabt hat, als auch wir uns verschaffen können; primär ist dagegen ein Bericht, der entweder von einem Augenzeugen selbst stammt oder auf Zeugen beruht, die wir nicht kennen. Der Unterschied ist demnach ein rein praktischer; er liegt nicht in der Natur der Quellen, sondern in unserer Stellung zu ihnen. Bei fortgesetzter Untersuchung kann man vielleicht die Quelle eines Berichtes finden, den man bisher für primär gehalten hat, und so gleitet er zu den sekundären Quellen hinüber; was für uns sekundäre Quelle ist, war vielleicht primär für einen früheren Schriftsteller[1]). Aber diese Unterscheidung ist von größter Wichtigkeit für den Zeugenwert der Berichte; sekundäre Quellen haben durchaus keinen Zeugenwert, so gewiß als eine Erzählung durch ihre Wiederholung nicht wahrer wird; primäre Quellen haben dagegen immer Zeugenwert, aber dieser kann äußerst verschieden sein, groß oder klein. Hierüber Näheres in § 43 ff.

[1]) Der dänische Geschichtsschreiber Arild Huitfeld (ca. 1600) kannte die lübischen Nachrichten über dänische Geschichte nur aus verschiedenen Schriften von Albert Krantz, der 1517 starb. Wir kennen die Quelle von Krantz, Hermann Korner, ferner dessen Quelle Detmar usw. Krantz war primäre Quelle für Huitfeld, ist aber sekundäre für uns.

Nach den oben (§ 38) angeführten typischen Fällen wird, wenn X eine verlorene Quelle bezeichnet, nach 1 A primär, B sekundär sein, nach 2 sind beide sowohl A wie B primär (aber nicht zwei unabhängige Zeugen), nach 3 ist A primär, aber B teils sekundär, teils primär.

Die Begriffe primär und sekundär müssen genau von Zeugnissen erster und zweiter Hand ferngehalten werden oder, wie Bernheim sich ausdrückt, von »Urquellen« und »abgeleiteten Quellen«. Jeder Bericht erster Hand ist zwar an sich primäre Quelle, aber dasselbe gilt nicht im umgekehrten Sinne, und der Umstand, daß man sich dies nicht scharf genug vor Augen hält, führt bei vielen Methodikern zu großer Unklarheit. Vgl. auch § 57.

Zeugenwert im allgemeinen.

40. Wo wir einen Bericht besitzen, wird uns die Wirklichkeit in einem Menschen widergespiegelt, und das Ziel der Zeugnisbewertung besteht darin, zu bestimmen, welches Gepräge die Individualität des Menschen seiner Wiedergabe der Wirklichkeit gegeben hat. Zutreffend vergleicht Sybel das Verfahren des Kritikers mit der Rektifikation des Astronomen. So leicht die Bestimmung der Aufgabe ist, so schwer ist ihre Lösung, und es wird lehrreich sein, sich im voraus eine allgemeine Vorstellung davon zu machen, in welcher Weise überhaupt Zeugen die Wirklichkeit, die sie beobachtet haben, umzuformen geneigt sind.

Aber wie soll man das anfangen? Das Verlangen, der Historiker solle die Berichte der Zeugen mit der Wirklichkeit vergleichen, scheint doch eine unmögliche

Forderung zu sein; er kennt ja die Wirklichkeit eben
nur vermittelst der Berichte. Jedoch liegt der Fall auf
einem gewissen Gebiete anders, nämlich überall da, wo
wir sekundäre Quellen besitzen. Eine solche gibt ja —
der Definition nach (§ 39) — eine andere Quelle wieder,
die wir gleichfalls besitzen, mit andern Worten eine
»Wirklichkeit«, die wir vor Augen haben. Nun gibt es weit
mehr sekundäre Quellen als primäre. Hier liegt also ein
überreicher Stoff vor, der uns zeigen kann, welche Mängel
bei der Wiedererzählung hervortreten. Eben dies macht
das Studium der Verwandtschaft der Quellen so außerordentlich lehrreich.

41. In den Wiedererzählungen der sekundären Quellen treten zahlreiche Abweichungen von ihrer Quelle
zutage, Fehler oder Mängel der verschiedensten Art.
Wir treffen zunächst reine Nachlässigkeiten[1]) oder
Mißverständnisse[2])[3]). Wir sehen ferner, daß die Schriftsteller sich bestreben, Fehler ihrer Quelle zu berichtigen, mögen es nun wirkliche oder eingebildete sein[4])[5]),
daß sie sich oft bestreben, den Bericht anschaulicher
und zusammenhängender wiederzugeben, was oft dazu
führt, daß sie die einzelnen Züge umgruppieren oder
das ausfüllen, was zu fehlen scheint, das eine hervor-
heben, anderes in den Hintergrund schieben. Diese
Art der Bearbeitung äußert sich selbst bei ganz naiven
Wiedererzählern, aber weit eingreifender wird die Um-
arbeitung, wenn der spätere Schriftsteller künstlerisch
auswählend oder reflektierend oder pragmatisch[6]),
schließlich nicht zum wenigsten, wenn er tendenziös
schreibt. Alle hier angedeuteten Änderungen können
sich schon zeigen, wenn ein Schriftsteller nur auf einer
einzelnen Quelle aufbaut, aber sie wachsen an Zahl und
Umfang, wenn er mehrere Quellen hat und ihre mehr oder
weniger abweichenden Darstellungen zusammenarbeitet.

¹)

Petrus Olai (Scr. rer. Danic. I, 125—6):	Jahrbuch bis 1523 (Scr. rer. Danic. VI, 220):
Anno autem secundo regni Erici *Jacobuscomes Hallandie, Stigotus* *Anderson et Mastinus*) . . . rei* *judicati sunt pro morte regis.* **) Langebek gibt in einer Note* *die Aufklärung, daß Mastinus eine* *Latinisierung des Marsti des Volks-* *liedes ist.*	*Anno autem secundo regni Erici* *Jacobuscomes Hallandie, Stigotus* *Anderson et Martinus*) .... rei* *judicati sunt pro morte regis.* **) Note von Suhm: Hic mihi* *ignotus est.*

Ein ergötzliches Beispiel dafür, wie fern der historischen Forschung der älteren Zeit jede Quellenvergleichung lag (das Jahrbuch bis 1523 ist in Wirklichkeit auch von Petrus Olai verfaßt).

²) In den Pöhlder Annalen wird berichtet: *Ungari quendam Ovonem in regem eligentes Petrum repulerunt.* In der sächsischen Weltchronik wird dies in einigen Handschriften richtig wiedergegeben: *De Ungere vordreven eren koninge Pedere unde satten enen Oven* (d. h. setzten einen gewissen Ovo ein); in andern dagegen steht: *De Ungere* usw. *unde satten in in einen oven* (setzten ihn in einen Ofen)! (Bernheim, S. 423.)

³) Eine Notiz in den dänischen Annales Ryenses unter 1240: *Sculo dux Norvegiae cum filio occisus est a rege Haquino* wird folgendermaßen von Detmar (ca. 1395) wiedergegeben: *do let konyng Haken to Norwegen doden den hertigen unde sine sone.* Auf Grund davon schreibt Hermann Korner in einer älteren Bearbeitung: *Rex Haquin Norvegie interfecit ducem unum et filium suum secundum cronicam Lubicensem*; die Wortstellung deutet darauf, daß er das Richtige gemeint hat ohne Rücksicht auf das sprachlich unrichtige *suum*, aber in einer späteren Bearbeitung wurde dies zu: ... *interfecit filium suum proprium cum alio duce regni sui.* Albert Krantz (ca. 1500) malt dann näher den grauenhaften Sohnesmord aus!

⁴) Detmar erzählt unter 1346, daß einige Leute des Grafen Johann von Holstein zu König Waldemar übergingen und den Grafen angriffen *in sineme lande to Lalande*; ... *do lach oc de koning vor Werdingborch unde wolde graven Johannes man dar af driven.* Indessen vermittelte König Magnus von Schweden einen Vergleich, wonach Waldemar den Holsteinern 8000 Mk. bezahlen sollte; *des antwordede se dem koninge dat hus*; *also wart de koning weldich over al Selande.*

Korner gibt dies frei wieder und beginnt: *Woldemarus rex obsedit castrum Werdingborg in Lalande* (!) und schließt infolgedessen damit, daß König Magnus *ordinavit, ut . . . comes redderet regi terram illam Lalande*. Durch Krantz wird diese Nachricht in Dänemark bekannt, aber hier konnte man natürlich nicht Vordingborg nach Laaland verlegen, und Petrus Olai (ca. 1550) schreibt daher, daß der König »Vordingborg mit Laaland« einlöste.

⁵) In einer Eingabe Marillacs an Richelieu 1627 wird berichtet, der Kardinal habe 30000 Livres nach Havre gesandt *pour faire armer cinq vaisseaux dits dragons*. Als ein Sekretär diese Relation bei der Ausarbeitung von Richelieus Memoiren verwertete, bedrückte ihn diese wunderliche Schiffsbezeichnung, und so schrieb er: *pour faire armer cinq cents dragons*. (»Dragon« war eine in Normandie gebräuchliche Bezeichnung für eine gewisse Art von Schiffen, vgl. das nordische »Drachenschiff«.)

⁶) Die Schlacht, in der das Heer Königin Margarethes König Albrecht von Schweden überwand, fand auf der Hochebene Falen östlich von Falköping statt; eine Belagerung des ein wenig nördlicher gelegenen Schlosses Aksevalla ging voraus. Korner schildert nun den Feldzug auf Grund von Detmars gleichzeitiger Darstellung, jedoch mit einzelnen Zusätzen. Er übernimmt nicht den Namen Aksevalla, und aus seiner Darstellung geht nicht klar hervor, wo diese Burg lag; bei der Erzählung des Beginns des Kampfes sagt er über Albrecht: *praecipitanter transiens vallem quandam paludosam, leonina fronte hostes quaesivit*.

Um den Feldzug zu schildern, hat Krantz nur Korner, auf dem er aufbauen kann, als Humanist ist er aber eifrig bestrebt, den ursächlichen Zusammenhang zu verstehen. Er macht die schon lange vorhandene Burg zu einer neuen Anlage von König Albrecht an der Grenze von Dänemark, die Margarethe als Beleidigung empfindet, »weil ihre Leute nicht wie früher die Flüsse frei überschreiten könnten«. Dieser Grenzstreit führt nun zum Krieg. In dem von Korner genannten Moor, das allerdings Albrecht überschreitet, findet Krantz die Ursache seiner Niederlage und malt dies näher aus (*haesitantibus in profundo paludis nulla erat facultas vires exercendi; itaque vincuntur caedunturque regii*).

Diese Erklärung für Albrechts Niederlage hat bis auf unsere Zeit Anklang gefunden; da man aber wußte, daß die Schlacht mitten im Winter (24. Febr.) stattfand und hoch oben in Schweden, so wurde die Erklärung durch die Vermutung »verbessert«, das Moor sei vereist gewesen, aber das Eis sei unter Albrechts schwerer Reiterei zusammengebrochen.

Wenn man in der Schilderung einer Begebenheit durch
einen Autor sieht, daß diese durchweg auf einem bestimmten Bericht beruht, aber doch hier und dort positive Ein-
schübe hat, so darf der Anfänger sich nicht dadurch zu
dem Glauben verführen lassen, der Autor habe zugleich
eine andere Schilderung der Begebenheit gekannt. Am häu-
figsten stammen diese Zusätze daher, daß der Verfasser
den Bericht der Quelle durch sein sonstiges Wissen über
die damalige Zeit ausgefüllt hat.

42. So zeigt das Studium der sekundären Quellen,
welch große Mängel bei der Wiedergabe hervortreten,
und trotzdem muß gesagt werden, daß die Aufgabe des
Erzählers hier verhältnismäßig leicht ist; so gewiß als
es bedeutend leichter ist, das, was man liest, wiederzugeben, als eine wirklich geschehene Begebenheit zu
beschreiben. Dieselben Mängel, aber nur noch ein-
schneidender, finden wir nun auch, wenn wir, nachdem
wir allmählich mit Hilfe mehrerer Quellen uns Klarheit
über die wirklichen Vorgänge verschafft haben, diese
mit der Darstellung der einzelnen Berichte vergleichen.
Und noch stärker wird die unvollkommene Wiedergabe
von Zeugen durch die Erfahrungen beleuchtet, die man
in unsern Tagen bei der Zeugenprüfung der Gerichte
oder der experimentellen Prüfung von Zeugen machen
kann, womit man in den letzten Jahren an verschiedenen Orten begonnen hat. Vgl. L. W. Stern, Die Psychologie der Aussage (1902), und Zeitschrift für ange-
wandte Psychologie (seit 1907).

Jedoch was man durch solche Mittel lernt, ist im
allgemeinen nur die Tatsache, daß man überall Mängel
derselben Art findet, die wir bei sekundären Quellen
angetroffen haben. Selbst was bei diesen eine literarische Eigentümlichkeit zu sein scheint, hat in Wirklichkeit so tief seinen Grund in der menschlichen Natur,
daß man ihm mehr oder weniger bei allen andern Zeu-

gen begegnet. Überall zeigt sich, daß schon allein die Beobachtung oft an großen Mängeln leidet, und daß die Wahrnehmung des Zeugen einer Umformung in seinem Bewußtsein unterzogen wird und einer weiteren Umformung, wenn er sie wiedergeben soll. Und das allgemeine Resultat besteht darin, daß man weit größeres Mißtrauen gegenüber Zeugenwiedergaben hegen muß, als man früher sich gedacht hat; daß eine zuverlässige und vollständige Wiedergabe der Wirklichkeit die Regel bildet, liegt so weit ab, daß eher das Gegenteil stattfindet, eine halb bewußte, halb unbewußte Umbildung des wirklich Geschauten.

Zeugen erster Hand.

43. Es ist klar, daß in letzter Instanz alle historischen Berichte auf unmittelbaren Beobachtungen beruhen, selbst wenn diese uns meistens nicht zugänglich sind. Daher bezieht sich die Zeugenbewertung in erster Linie auf die Zeugen erster Hand, ein Ausdruck, den wir wählen, weil er sowohl Augen- wie Ohrenzeugen umfassen soll und noch dazu die Mitteilungen der Erzähler über ihr eigenes Seelenleben. Die Bewertung beruht auf den inneren Voraussetzungen des Gewährsmannes, seiner Veranlagung und seinem Willen, das, was er gesehen hat, aufzufassen und wiederzugeben, dabei auch darauf, wie weit irgendeine Befangenheit seiner Wiedergabe oder vielleicht schon seiner Beobachtung das Gepräge gegeben hat. Als Ergänzung kommt jedoch die Frage hinzu, ob seine äußere Stellung zu dem Gegenstand seiner Beobachtungen günstig oder ungünstig gewesen ist, was ja bei demselben Erzähler für jeden einzelnen Fall verschieden sein kann.

44. Wir lernen die inneren Voraussetzungen des Erzählers durch das Studium seiner Erzählungen

selbst und seiner ganzen Persönlichkeit kennen. Wenn
einige seiner Mitteilungen sekundär sind, so gibt die
Vergleichung mit seinen Quellen uns gute Winke für
das Verständnis auch derjenigen Gebiete, für die er
Zeuge erster Hand ist. Wo wir seine Wiedergabe mit
der anderer Beobachter zusammenstellen können, ist
dies ebenfalls lehrreich. Auf jede Weise trachten wir
darnach, uns in seine Persönlichkeit zu versetzen, um
damit den Gesichtswinkel berechnen zu können, unter
dem er die Wirklichkeit beobachtet hat; aber es ist klar,
daß hier nur von einem Nahekommen, niemals von
voller Sicherheit die Rede sein kann[1]). Wir versuchen
uns klarzumachen, wie das Beobachtete sich bei ihm
umgeformt, und weiterhin, wie er es wiedergegeben hat.
Er kann als Beobachter scharf und genau oder flüchtig
und unklar sein; er kann ruhig und objektiv veranlagt
oder aber gefühlvoll und leidenschaftlich sein. Dieselben
Züge werden alsdann die Umbildung des beobachteten
Gegenstandes bestimmen, und sie werden dies in um so
höherem Grade tun, je längere Zeit zwischen der Beobachtung und der Wiedergabe liegt. Bei der Wiedergabe
werden immer dieselben Züge des Verfassers hervortreten, aber außerdem sein Ehrgeiz als Erzähler und sein
literarisches Streben. In allen Punkten wird seine
Tendenz, d. h. sein gefühlsmäßiges Verhältnis zu dem
Thema seine Wiedergabe unbewußt oder bewußt kenn-
zeichnen.

[1]) Daß hier nur eine Annäherung erreicht werden kann,
behaupte ich im Gegensatz zu H. v. Sybel (Über die Gesetze des
historischen Wissens, in »Vorträge und Abhandlungen«). Er
meint, volle objektive Sicherheit sei möglich, weil der Kritiker
sich in die Gedankenwelt des Erzählers genau so wie z. B. in
die eines Freundes, auf Grund der zwischen allen Menschen be-
stehenden Gleichartigkeit einleben könne. Aber können wir
wirklich selbst unserm besten Freunde gegenüber ganz sicher
sein, daß wir ihn von Grund aus verstehen? Nicht davon zu

reden, daß wir doch niemals einem Schriftsteller, der uns zeitlich
ferner steht, so nahe wie einem Freunde kommen können.

Daß ein Erzähler mehrere Male dieselbe Begebenheit
übereinstimmend wiedergibt, ist kein gewichtiges Zeugnis
für die Wahrheit; jeder weiß, wie eine einmal geformte
Anekdote unverändert mit denselben Pointen wiedererzählt
werden kann. Wenn ein Augenzeuge dagegen das, was er
seiner Behauptung nach erlebt hat, bald auf die eine, bald
auf die andere Weise wiedergibt, so schwächt dies das Vertrauen in seine Erzählung, falls die Abweichungen zu Wider-
sprüchen führen; aber es stärkt dieses Vertrauen am ehesten,
wenn sie gut zusammenpassen, da man dadurch den Eindruck bekommt, daß er wirklich auf eigenen Erinnerungen
fußt, aber bald den einen, bald den anderen Zug hervorhebt.

Daß ein Erzähler viele Einzelheiten mitteilt, ist ver-
trauenerweckend, selbst wenn wir nicht imstande sind, diese
Einzelheiten nachzuprüfen. Dies gilt jedoch nur mit großer
Einschränkung da, wo man es mit einer künstlerisch ent-
wickelten Geschichtsschreibung zu tun hat; die Reden bei
klassischen Schriftstellern und in den isländischen Sagas sind
mehr die Frucht von Kunst als von Kenntnis. Noch mehr gilt
dies von Einzelheiten in einer dichterischen Darstellung; der
Dichter steht überhaupt von vornherein ganz anders frei dem
Stoff gegenüber, als der Prosaerzähler es in der Regel tut.

45. Aus quellenreichen Zeiten Berichte erster Hand
ans Tageslicht zu ziehen, ist auf mannigfache Weise
möglich. Seltener finden sich jedoch diese bei den
eigentlichen Historikern, die meist größere Gebiete
behandeln, von denen sie selbst nur einen geringen Teil
haben beobachten können. Viele Schilderungen von
Augenzeugen finden sich bei Verfassern von Memoiren,
aber ihre Schilderungen sind meist lange nach den Begebenheiten niedergeschrieben und daher nach den
Gesichtspunkten ihres Alters oder unter Benutzung von
Aufschlüssen umgearbeitet, die nicht aus eigener Beobachtung stammen. Von größtem Werte sind Tagebuch-

aufzeichnungen, und noch besser sind Schilderungen in
Briefen; hier wird zwar meistens nur eine einzelne Seite
der Begebenheit dargestellt, aber diese in desto schär-
ferem Lichte, und zugleich wird die meist weniger
geschliffene Form des Briefes uns einen klaren Eindruck
von der Begrenzung des Schreibers geben. Großen Wert
hat, was man »unbeabsichtigte Mitteilungen« nennen
könnte: Aufklärungen, die in Verbindung mit einem
andern rein praktischen Zweck sich einstellen, z. B. Aus-
künfte einer Hofhaltungsrechnung über die Begebenheiten an dem Hof. In Verbindung hiermit müssen alle
diejenigen Aufschlüsse über die Wirklichkeit, die sich
in Werken von Dichtern verbergen, genannt werden,
aber es kommt hier freilich darauf an klarzustellen,
was auf Wirklichkeit beruht und nicht nur in der Phantasie des Dichters seine Wurzel hat. Wenn ein Dichter
von goldenen Toren und silbernen Schilden singt, kann
man daraus mit Sicherheit schließen, daß er Tore und
Schilde, Gold und Silber gekannt hat, aber die Ver-
knüpfung ist sein eigenes Werk.

46. Im Vorhergehenden haben wir zumeist über
Zeugen erster Hand gesprochen, welche die äußere
Wirklichkeit wiedergeben, aber sie können auch von
sich selbst und ihrem eigenen Seelenleben reden, ja,
hier sind überhaupt Selbstbekenntnisse die einzigen
Zeugnisse erster Hand. In diesem Falle besitzen die
Zeugen alle äußeren Voraussetzungen für die Möglichkeit zuverlässiger Wiedergabe, aber die Selbst-
beobachtung ist eine schwierige Kunst, und gerade hier
werden alle persönlichen Eigentümlichkeiten stark
hineinspielen, um so stärker, als die Kontrolle von
außen fehlt. Im übrigen werden bei der Zeugenbewertung
die sämtlichen Gesichtspunkte wiederum festzuhalten
sein, die wir bereits kennen.

Zeugen zweiter Hand.

47. Unter dieser Bezeichnung fassen wir alle Berichte zusammen, die nicht auf unmittelbarer Beobachtung beruhen, von dem Bericht an, der im streng-
sten Sinne aus zweiter Hand, d. h. von einem Zeugen
stammt, der sein Wissen ohne Zwischenglied von dem
ersten Beobachter hat, bis zum Sagenerzähler, der
durch unendlich viele Zwischenglieder von der Begebenheit, über die er berichtet, getrennt ist.

Die Aufgabe ist hier dieselbe wie gegenüber dem
Zeugen erster Hand, aber verdoppelt oder vervielfältigt, indem man hier nicht bloß zu bestimmen suchen
muß, wie der Erzähler selbst den Bericht geprägt hat,
sondern weiterhin auch, wie dieser sowohl von dem ersten
Beobachter wie von denjenigen Wiedererzählern verändert worden ist, die dem Bericht, den wir allein kennen, vorausgehen. Dabei wird indes in vielen Fällen
die Aufgabe so verwickelt, daß man sie nur mit einem
äußerst geringen Grad von Sicherheit lösen kann.

48. Es ergibt sich demnach als Aufgabe, die verlorenen Zwischenglieder herzustellen. In manchen Fällen kann dies mit recht großer Sicherheit geschehen,
wenn nämlich die Quelle eine schriftliche gewesen ist.
Die Quellenvergleichung, die bis zu den primären Quellen zurückführt, kann bisweilen dazu verhelfen, von
den vorhandenen Quellen aus eine verlorene zu rekonstruieren, und zwar auf dieselbe Weise, wie der Philologe von seinem Handschriftenstemma aus mit Sicherheit eine verlorene Handschrift mit diesen oder jenen
Lesarten rekonstruieren kann. Selbst da, wo nur eine
einzelne primäre Quelle vorliegt, kann dies bisweilen
geschehen[1]); größere Sicherheit wird jedoch nur erreicht, wo ein und dieselbe verlorene Quelle in mehreren
noch vorhandenen benützt ist[2]). Auf diese Weise stellte

Giesebrecht im Jahre 1844 auf Grund von bayerischen
Geschichtsschreibern des 16. Jahrhunderts ein verlore-
nes Jahrbuch aus dem 11. Jahrhundert wieder her, das
im Kloster Altaich geschrieben sein mußte, und gewann
dadurch aus diesen späteren Schriftstellern eine gleichzeitige und höchst wichtige Quelle zur Geschichte
Heinrichs III. und Heinrichs IV. Das Schicksal wollte
es nun, daß man 1867 das Jahrbuch selbst in einer
mittelalterlichen Handschrift wiederfand, und da zeigte
sich, daß die Rekonstruktion in allem wesentlichen das
Richtige getroffen hatte. Vgl. auch: Annales Pather-
brunnenses, eine verlorene Quellenschrift des 12. Jahrhunderts, wiederhergestellt von P. Scheffer-Boichorst
(1870).

Es ist ein besonderes Zeichen dafür, daß irgendwo verlorene Quellen vorhanden waren, wenn ein Schriftsteller
offensichtlich die gleiche Begebenheit an zwei verschiedenen Stellen erzählt. Wie solche »Doppelgänger« entstehen,
haben wir oft Gelegenheit da, wo die Quellen vorhanden
sind, zu beobachten.

¹) Das schwedische Sigtuna-Jahrbuch bricht in der Handschrift bei dem Jahre 1288 ab; aber die verlorene Fortsetzung
findet sich bei dem viel jüngeren Ericus Olai, bei welchem besonders die Anführung der Monate, die so ungewöhnlich in mittelalterlichen Jahrbüchern ist, ein Kennzeichen dafür bildet, was
daraus entnommen ist. Beispielsweise wird angeführt:

Sigtuna-Jahrbuch:	Ericus Olai:
1288. In mense marcio ra-puit dominus Folko, filius domini Algoti legiferi Osgoto-rum	(1288.) In mense marcio ra-puit dominus Folko, filius domini Algoti legiferi Vesgo-torum, domicellam Ingridem, filiam domini Swantopolk, de-sponsatam domini David Tor-stenson de Dacia, et cum ea fugit in Norwegiam.... Eodem anno in mense octobri decolla-tus est *etc.*
	1289. Albertus Erengisleson..

²) In den dänischen Jahrbüchern stammen die reichsge-
schichtlichen Nachrichten für die Jahre 1200 bis 1219 alle aus
einer einzigen gemeinsamen Quelle, die sich als die Annales
Waldemariani (MG. SS. XXIX, 176), verfaßt 1219, erwies,
deren Original aber wohlgemerkt nicht die chronologischen
Fehler in bezug auf die Jahre 1216—18 enthalten hat, die die
Abschrift aufweist, aus der allein wir jetzt das Jahrbuch kennen.
Ähnliche Verhältnisse finden wir bei andern Jahren. Aber
daß durchweg eine gemeinsame Quelle für die Jahrbücher
zugrunde liegen soll, wie R. Usinger und Dietr. Schäfer es sich
bei Aufstellung ihrer Ansicht von den verlorenen Annales
Lundenses maiores dachten, ist nicht zutreffend.

Wenn man in älterer Zeit so vertrauensvoll selbst auf
sehr späten Quellen aufbaute, so lag hier eine unklare Vorstellung von mannigfachen verlorenen Quellen zugrunde.
Unsere Betrachtung der Verwandtschaft der Quellen hat
uns immer wieder gezeigt, wie ein Bericht bei seiner Wan-
derung von Verfasser zu Verfasser, allein schon in der Bearbeitung seitens späterer Wiedererzähler, beständig an
Umfang zunimmt, und wir sind dadurch mit Vermutungen
über verlorene Quellen vorsichtiger geworden. Jedenfalls
aber darf man sich niemals damit begnügen, über verlorene
Quellen allgemein ins Blaue hinein zu reden, sondern man
muß sorgfältig bemüht sein, sich über den Umfang und
Charakter der verlorenen Quellen Rechenschaft abzulegen[1].

[1]) In früherer Zeit ging man davon aus, Huitfeld (S. 46)
habe bei seiner Darstellung des 13. und 14. Jahrhunderts einen
reichen, jedoch nunmehr verlorenen Quellenstoff benützt. Eine
nähere Prüfung hat bewiesen, daß er wohl eine große, 1728 ver-
brannte Sammlung von Abschriften von Urkunden aus Erich
Menveds Zeit benutzt, dagegen nicht wesentlich andere chronik-
artige Quellen gehabt hat, als auch wir kennen. Der reiche Inhalt
seiner Darstellung, die zu der Annahme verleitet hatte, er habe
Zugang zu zahlreichen verlorenen Aufzeichnungen gehabt, beruht
jedoch auf der Bearbeitung des trockenen Jahrbuchstoffes durch
ihn und seine nächsten Vorgänger; deutlich zeigt sich dies, wo
er durch Vermutungen und Kombinationen über Schwierigkeiten
hinwegzukommen sucht, die daher rühren, daß er die lübische
Überlieferung nur in ihrer letzten, stark verdorbenen Gestalt bei
Albert Krantz kannte, die indes für uns überhaupt nicht exi-

stieren, weil wir diese Überlieferung auf einer weit früheren
Stufe kennen.

49. Selbst wenn man nicht geradezu zu einer Rekonstruktion der verlorenen Quelle gelangen kann, muß
man zum mindesten zu bestimmen versuchen, welche
Gewährsmänner die primäre Quelle benützt. Es ist also
von größter Bedeutung klarzustellen, welche Mitteilungen bei Adam von Bremen von Sven Estridson stammen, und was Saxo von Absalon mitgeteilt wurde. Oft
muß man sich damit begnügen, auf einen bestimmten
Kreis als den Träger der Überlieferung hinzuweisen.
Bei Saxo kann man die Tradition der königlichen Ge-
folgschaft spüren.

Bei Historikern, die mit einer gewissen Gelehrsamkeit
arbeiten, wird man oft den Fall finden, daß, wenn sie eine
Begebenheit schildern, sie nicht auf eine frühere Schilderung zurückgreifen, vielmehr haben sie von einem bestimmten Erzeugnis aus genau auf dieselbe Weise Schlüsse gezogen, wie wir dies tun.

50. Man muß einräumen, daß man in mancherlei
Fällen sich keine klare Vorstellung von den einzelnen
Vermittlern bilden kann, von denen ein früherer Historiker seine Darstellung herleitet. Alsdann kommt jedoch der Begriff »gleichzeitige Quellen«, der mit
Recht eine bedeutende Rolle in der modernen Quellenkritik spielt, zur Geltung; er ist indes kaum genügend
erklärt und genügend scharf motiviert worden, daher
er Anlaß zu verschiedenen Angriffen auf die ganze
Richtung gegeben hat.

51. Ein Historiker, der gleichzeitig mit den Begebenheiten lebt, die er schildert, wird meistens über
die wichtigeren von ihnen verschiedene Angaben gehört
haben. Hinter seiner Darstellung wird eine gemeinsame
Auffassung liegen, die wohl keineswegs in allen Einzel-

heiten, aber wohl in den großen und groben Zügen zuverlässig ist. Jeder, der z. B. einen Krieg erlebt hat,
wird von den entscheidenden Hauptereignissen Kenntnis
haben, dem Gang des Feldzugs, den Schlachten und
ihrem Ausfall, der Einnahme von Festungen, dem Resultat, zu dem der Krieg führte. Ein Historiker, der s p ä t e r
lebt, steht dagegen ganz anders unsicher den Begebenheiten gegenüber; er kennt sie nur durch eine einzige
oder ein paar Quellen, und diesen gegenüber fehlt es
ihm an Mitteln der Kontrolle[1]).

[1]) Korner ist eine höchst wichtige Quelle für das erste Men-
schenalter des 15. Jahrhunderts, in dem er selbst lebte und wirkte,
obgleich er nur in wenigen Fällen Augenzeuge gewesen ist. Dagegen beruht seine Darstellung der vorhergehenden Zeit fast
ausschließlich auf einigen wenigen geschriebenen Quellen und
ist daher von geringem Wert. Saxo hat — jedenfalls nach der
üblichen Annahme — seine Darstellung der Zeit Waldemars des
Großen überwiegend auf Mitteilungen von Absalon aufgebaut,
aber er hat wohl in seinem Umkreis so reiche Nachrichten zur Ver-
fügung gehabt, daß dadurch Absalons Erzählungen bestätigt
werden konnten. Eine solche Kontrolle hat er dagegen unmöglich gegenüber der Tradition von der früheren Zeit ausüben können.

Bei dieser Erwägung versteht man, warum moderne
Geschichtsforscher verhältnismäßig ruhig auf gleichzeitige Quellen sich verlassen, aber man wird auch
einsehen, daß dies eine Regel ist, die viele Ausnahmen
hat. Sie wird solchen Begebenheiten gegenüber gelten,
die vor aller Augen vor sich gingen, über die daher viele
Bescheid wußten; über ein Ereignis dagegen, das nur
wenige Zeugen hatte, kann ein jüngerer Historiker,
wenn ihm einer dieser Zeugen zugänglich war, leicht
sicherer berichten als ein Zeitgenosse[1]).

[1]) Das entscheidende Moment der in Frankreichs Geschichte
berühmten »Journée des dupes« (11. Nov. 1630) war eine Unterredung zwischen Ludwig XIII. und Richelieu, der nur ein junger
Adeliger Saint-Simon beiwohnte. Über die Vorgänge bei dieser

Gelegenheit finden wir in zeitgenössischen Quellen nur lose Gerüchte, im Jahre 1757 schrieb indes Saint-Simons Sohn, der große Memoirenschreiber, das, was sein Vater ihm darüber erzählt hatte, nieder, und dieser Bericht ist natürlich eine bessere Quelle für die Kenntnis der Unterredung.

Darüber, was unter gleichzeitigen Quellen zu verstehen ist, bewegt sich Bernheim in sehr unklaren Begriffen. Augen- und Ohrenzeugen bezeichnet er als »Urquellen«, aber da solche oft ihre eigenen Beobachtungen durch die Erlebnisse anderer auffüllen, »pflegt man« den Begriff Urquelle auf gleichzeitige Berichte auszudehnen. Außerdem wird später eingeschoben, daß »abgeleitete Quellen« für uns den Wert von Urquellen haben können, wenn die Urquellen, aus denen sie abgeleitet, verloren gegangen sind.

52. Von zeitgenössischen Historikern ist derjenige am wertvollsten, der für die ungleichmäßige Zuverlässigkeit von Zeugen, auf denen er aufbaut, einen scharfen Blick, der zugleich ein gutes Verständnis seiner Zeit und ihres Lebens besitzt, der den Stoff kritisch prüft, mit dem er arbeiten soll, und ihn mit Sachkenntnis behandelt, kurz gesagt, ein Historiker, der dieselben Bahnen wie auch der Historiker in unsern Tagen einschlägt. Anders verhält es sich in einem gewissen Grade, wenn von späteren Historikern als Quelle die Rede ist. Hier wünschen wir uns am liebsten einen möglichst genauen, aber recht naiven Wiedererzähler, und wir fürchten den mehr kritischen, der den Stoff, den er unter den Händen hat, tieferen Eingriffen unterwirft. Solche einander entgegengesetzten Anforderungen lauten wunderbar, aber dies hängt mit den Mängeln der älteren Historiker zusammen. Ihnen fehlt auf der einen Seite wirkliches Verständnis für Quellenkritik. Dies hemmt nicht den zeitgenössischen Historiker in seiner unmittelbaren Würdigung der größeren oder geringeren Zuverlässigkeit seiner Zeitgenossen, aber wenn

ein späterer Historiker zwischen seinen literarischen
Quellen wählen will, führt dies meistens dazu, daß
er falsch wählt, z. B. daß er eine spätere schön geschriebene Schilderung einer älteren mehr unbeholfenen
vorzieht. Auf der andern Seite waren Historiker einer
älteren Zeit in der Ausmalung und in der Bestimmung
des ursächlichen Zusammenhangs der Begebenheiten viel
kühner als wir. Dies kann bereits dem zeitgenössischen
Historiker schaden, wird aber ganz verderblich für den
späteren, der bei seinem beschränkten Quellenmaterial
Ursachen auszumalen und festzustellen versucht. In dieser
Richtung können wir genug Erfahrungen mit sekundären
Schriftstellern, z. B. Albert Krantz, machen, und diese
müssen wir bei den Schriftstellern anwenden, zu deren
Quellen wir keinen Zugang haben.

53. Wenn man sich vorzustellen sucht, woher
eine Quelle zweiter Hand ihr Wissen hat, wird man
darauf Gewicht legen, ob es aus einer mündlichen
oder schriftlichen Quelle geflossen ist. Das ist auch
insofern von Wichtigkeit, als die niedergeschriebene
Nachricht fest und unveränderlich dasteht, so daß sie
ebenso gut von einem Schriftsteller, der Jahrhunderte
nach ihrer Aufzeichnung lebt, wie von einem Zeitgenossen benutzt werden kann. Ericus Olai kann mitten
im 15. Jahrhundert die jetzt verlorene Fortsetzung des
Jahrbuches von Sigtuna aus dem 13. Jahrhundert benutzen, und wir wiederum stellen sie auf der Grundlage
seiner Benutzung wieder her (S. 56). Eine mündliche
Mitteilung dagegen kann nur dann Jahrhunderte hindurch erhalten bleiben, wenn sie von Mund zu Mund
geht, und dabei bleibt sie fortwährenden Änderungen
unterworfen. Aber man muß sich klarmachen, daß nur
auf diese Weise der Unterschied zwischen mündlicher
und schriftlicher Überlieferung zutage tritt. An und

für sich bedeutet es nichts, ob der erste Beobachter
seinen Bericht selbst niederschreibt oder ihn nur mündlich erzählt; die Niederschrift macht ihn nicht um ein
Haar sicherer. Und ob der einmal niedergeschriebene
Bericht von neuen schreibenden Darstellern bearbeitet
oder die mündliche Erzählung von neuen Erzählern
weitererzählt wird, bis sie zu irgendeinem Zeitpunkt
durch Niederschrift festgelegt wird, bedeutet nur insofern einen Unterschied, als ein schriftlich niedergelegter
Bericht nicht so leicht geändert werden kann wie die
bloß mündliche Darstellung. Aber Änderungen treten doch ein, und Änderungen von wesentlich gleicher
Art, da der literarische Bearbeiter von den gleichen
Tendenzen geleitet wird, die auch einen ganz unlitera-
rischen Wiedererzähler beherrschen. Es handelt sich
hier um einen quantitativen Unterschied, der sehr groß
sein kann, nicht um einen qualitativen.

54. Mündliche Überlieferung lebt weiter unter
sehr ungleichen Bedingungen, bald was die Form, die
sie bekommen hat, bald was die Träger der Tradition
anbetrifft. In einer festen Kunstform ausgeprägt wird
sie nicht einer so großen Veränderung unterzogen werden, wie wenn sie sich nur in loserer Erzählungsform
bewegt, und während die leichtgebaute Darstellung des
Volksliedes sich auch leicht verändern läßt, kann der
kunstmäßige Skaldenvers wohl vergessen, aber nicht
leicht verändert werden. Was die Träger der Tradition
anbelangt, so ist es klar, daß ein eng abgegrenzter
Kreis mehr Sicherheit und Festigkeit bietet als ein
großer und unbestimmter; innerhalb eines einzelnen
Geschlechts, einer Handwerkerzunft, einer festen Kaste
kann die mündliche Überlieferung lange ohne ein-
greifende Änderung fortleben. Große Änderungen in
der Lebensweise eines Volkes werden dagegen leicht

zur Umformung alles dessen führen, was im Volksmunde lebt; die altdänischen Sagen stehen stark
unter der Einwirkung der Wikingerzeit. Noch stärker
wirken Umwälzungen im Geistesleben: wie hat nicht
das Christentum die ältere volkstümliche Denkweise
umgeformt!

55. Eine mündliche Darstellung, die ihr Gepräge
durch Erzählen in den Kreisen des Volkes bekommen
hat, nennen wir eine Sage. Was der Sagenerzähler
mitteilt, stellt er als wirklich geschehen dar, ob aber
dies sich so verhält, ist eine Frage, die er in seiner
Naivität weder aufwirft noch auch beantworten könnte.
Es gibt Sagen von mancherlei Art, und man kann sie
nach ihrer Form oder nach ihrem Inhalt gruppieren.
Unter dem letzteren Gesichtspunkt sprechen wir von
Göttersagen, Heldensagen, historischen Sagen, Märchen
usw. Aber die verschiedenen Gruppen gehen ohne feste
Grenzen ineinander über oder sind untereinander selbst
vermischt.

Ein unrichtiger Bericht eines Augenzeugen ist nicht eine
Sage, aber da in jedem Bericht ein subjektives »sagenhaftes«
Moment vorhanden ist, wird der Unterschied zwischen
»Sage« und »historischem Bericht« völlig fließend, nur
quantitativ. Wenn eine Sage meistens als ein Bericht,
der mündlich durch mehrere Generationen gegangen ist,
definiert wird, so muß in jedem Falle der Zusatz gemacht
werden: oder der zur Zeit des betreffenden Ereignisses von
Mund zu Mund gegangen ist[1]).

[1]) Am Abend des 1. Sept. 1792 wurde im Kriegsrat festge-
setzt, Verdun solle kapitulieren; am nächsten Morgen fand man
den Kommandanten Beaurepaire in seinem Blute schwimmend
mit einer abgeschossenen Pistole in der Hand. An demselben
Tag war die »Sage« in der ganzen Stadt verbreitet, B. habe sich
mitten im Kriegsrat in patriotischer Begeisterung eine Kugel
durch den Kopf gejagt.

56. Die Sagenerzählung wird wohl meistens eine Anknüpfung an irgendeine äußere Tatsache haben, aber die Anknüpfung kann überaus schwach sein. Jede ein wenig ungewöhnliche Naturerscheinung wird leicht eine erklärende (ätiologische) Sage erzeugen, und nicht weniger gilt dies von Erzeugnissen der Menschen selbst, einerlei ob es sich um eine Besonderheit bei einem Gebäude, eine merkwürdige Sitte, einen Ortsnamen[1]) handelt. Über eine wichtige Begebenheit verbreiten sich rasch viele Gerüchte, über eine hervorragende Persönlichkeit laufen zahlreiche Anekdoten um; die meisten sterben rasch aus, andere halten sich, und von diesen lockeren Ausgangspunkten aus arbeitet die Phantasie des Volkes dann weiter, und erst wenn die Sage zu einem zusammenhängenden Ganzen geworden ist, das dem Gefühl und Denken der Menschen entspricht, kommt sie zur Ruhe[2]). Alsdann kann die Sage sich lange unverändert erhalten, und meistens lernen wir sie erst auf dieser Stufe der Entwicklung kennen.

[1]) Rom hat nicht seinen Namen von Romulus, Dänemark nicht von Dan, sondern gerade umgekehrt.

[2]) Im Dom zu Roskilde wurde bis 1658 eine Fahne aufbewahrt, die angeblich Königin Margarethe von Albrecht von Mecklenburg »zum Hohn« geschenkt worden war. Karl Gustav führte sie nach Upsala, wo man 1666 wußte, daß dies die Fahne sei, die Christian II. den zum Tode Verurteilten beim Stockholmer Blutbad vorantragen ließ. Im Jahre 1704 wurde zugleich erzählt, die Fahne sei von Margarethe Albrecht »zum Spott« geschenkt worden, »wie wenn er selbst kein Wappen besessen habe«. Im 19. Jahrhundert wurde der Zusatz gemacht, sie sei aus Königin Margarethes Hemd gemacht. Man ersieht leicht, daß das vorwärtstreibende Moment der Entwicklung darin gelegen hat, daß man nicht recht begreifen konnte, worin bei dem Geschenk einer Fahne der Gedanke des Spottes liegen konnte, und was sich bei diesen Ciceroneerklärungen zeigt, ist für jedes Sagengewächs charakteristisch.

57. Das quellenkritische Studium von Sagen wird
besonders darauf ausgehen, die Entstehung und spätere
Entwicklung der Sage aufzuklären, aber dies verursacht entsprechend der Natur der Sache die größten
Schwierigkeiten. Eine Hilfe kann man daraus entneh-
men, daß eine Sage bisweilen zu verschiedenen Zeiten
aufgezeichnet worden ist, oder doch jedenfalls in schriftlichen Quellen sich ihre Spur findet, so daß man dadurch Einblick in ihre Entstehung gewinnen kann.
Noch etwas mehr kann man durch ein genaues Studium
des inneren Baues der einzelnen Sage und durch Vergleichung der Sagen untereinander lernen.

Wo man die Herausbildung der Sagen in historischen Umgebungen verfolgen kann, wird man dieselben
Momente wirksam sehen, die wir aus jeder Wiedererzählung kennen, nur in noch stärkerem Maße. Die
Erzählung wird breiter und zusammenhängender; der
Hauptfaden wird beständig kräftiger hervorgezogen,
und die Einzelheiten, die nicht recht harmonieren, werden zur Seite geschoben oder ganz abgestoßen. Besonders erhält die volkstümliche Überlieferung dadurch
ihr Gepräge, daß sie Motive in persönlichen und allgemeinen menschlichen Verhältnissen sucht, weniger in
den äußeren wechselnden Bedingungen. Tendenz macht
sich geltend, nationale und religiöse Sympathie, wenn
auch in naiver Form. — Bei mündlicher Überlieferung
spielen die Mängel des Gedächtnisses stark hinein.
Einzelne Züge werden vergessen, andere verändert oder
verwechselt; oft werden deshalb dabei entstehende
Lücken durch neue Sagenbildung ausgefüllt. Auch
die Tatsache, daß die Sprache in der Zeit, in der die
Sage im Volksmunde lebt, sich ändert, hat großen Einfluß. Die eine Sage nimmt leicht Züge aus andern
Sagen auf oder arbeitet andere ganz in sich ein; der Sa-
genstoff wandert von Land zu Land. Oft werden zer-

Erslev, Hist. Technik.   5

streute Sagen zu ganzen Sagenkreisen gesammelt mit
einer einzelnen Persönlichkeit oder einem einzelnen
Geschlecht als Mittelpunkt.

Im allgemeinen geht die Sagenausbildung ja in
Volksschichten vor sich, die der Buchweisheit fern-
stehen, aber ausnahmsweise können sich dabei doch
Einflüsse literarischer Kreise geltend machen. Gelehrte
Mutmaßungen können im Volksmund Sagenform annehmen — wenn ein Historiker den Ort eines Ereignisses festgestellt hat, wird sich bald an diesem Ort
eine »uralte« Sage darüber vorfinden. Buchweisheit
kann den Wiedererzähler dazu veranlassen, die Sage in
bessere Übereinstimmung mit der Wirklichkeit zu bringen. Umgekehrt können in literarischen oder halbliterari-
schen Kreisen künstliche Erzählungen geschaffen werden, die die Form von Sagen und alsdann Ver-
breitung in weiten Schichten des Volkes finden.

58. Es ist leicht zu erkennen, daß der Wert der Sage
als Zeugnis für äußere Tatsachen außerordentlich gering
ist. Man kann in gewissem Sinne behaupten, daß die
Sage ein Gegenstück zu dem gleichzeitigen Bericht jener
Art bildet, über die wir in § 51 gehandelt haben, und
mit der sie auch den Umstand gemeinsam hat, daß
keines von beiden auf bestimmte Gewährsmänner zu-
rückgeführt werden kann. Aber der gleichzeitige Bericht beruht auf vielen verschiedenen Gewährsmännern,
die sich gegenseitig stützen, indem der Zeitgenosse aus
ihren verschiedenartigen Berichten den gemeinsamen
Kern entnimmt. Die Sage dagegen entspringt einem
einzelnen, dessen Bericht von andern ohne irgendeine
gegenseitige Kontrolle weitererzählt wird. Wenn man
mit Z Augenzeugen bezeichnet und mit W Wiedererzähler, so kann der Unterschied folgendermaßen dargestellt werden:

1) Z>W> ⎫
   Z>   ⎪
   Z>W> ⎬ gleichzeitiger
   Z>W> ⎪   Bericht
   Z>   ⎭

2) Z>W>W>W>W>W>
                        die Sage

Der geringe Zeugenwert der Sage liegt darin, daß man die Zeugenreihe nicht dicht bis zur Wirklichkeit zurückverfolgen kann, die sie darzustellen behauptet (Niebuhr: die Sagen sind »Nebelgestalten oder gar oft eine Fata Morgana, deren Urbild uns unsichtbar, das Gesetz ihrer Refraktion unbekannt ist«). Nur in dem Falle, daß man auf einem andern Weg Kenntnis von der Zeit und den Verhältnissen gewinnt, von denen die Rede ist, kann man das Verhältnis der Sage zu dem wirklich Geschehenen einigermaßen sicher bestimmen.

59. Der Wert der Sage als historische Quelle liegt somit auf einem ganz andern Gebiet, als man ihn früher suchte. Sie beleuchtet das Gefühlsleben und die Denkweise des Volkes, oft in Zeiten, wo andere Tradition fehlt; sie legt Zeugnis von denen ab, welche die Sage erzählen, und noch mehr von denen, die sie geformt haben.

Bernheims Darlegung über die Sage ist an vielen Stellen seines Buches zerstreut. Er legt das Hauptgewicht darauf, ob eine Sage echt oder unecht ist, und mit echt meint er, daß sie auf einer wirklichen Begebenheit beruht; aber das ist ja gerade in vielen Fällen nicht zu entscheiden. Während ich die der mündlichen und schriftlichen Überlieferung gemeinsamen Punkte hervorhebe, ist Bernheim mehr geneigt, die Verschiedenheiten voranzustellen, schließlich aber verwischt er die Frage, in welchem Umfange mündliche Berichte hinter unseren primären Quellen liegen; dies steht in Verbindung mit seiner so wenig scharfen Betonung des Augenzeugen, vgl. § 51.

60. Bei der Zeugenbewertung ist bisher allein von Berichten, die in Worten ausgedrückt sind, die Rede gewesen, aber es ist einleuchtend, daß sämtlich dieselben Gesichtspunkte sich geltend machen, wo wir es mit bildlichen Darstellungen zu tun haben. Man wird zuerst fragen, ob der Zeichner oder Maler das, was er darstellt, selbst gesehen hat, und in diesem Falle Klarheit zu erlangen suchen, ob von ihm nach seinem Talent und seiner Ausbildung angenommen werden kann, daß er scharf beobachtet und genau wiedergegeben hat; oft wird ein Gemälde von geringem Kunstwert größeren Quellenwert besitzen als das Werk eines hervorragenden Malers, weil dieser mehr von seiner eigenen Persönlichkeit hineingelegt hat. Stammt die Abbildung nicht von einem Augenzeugen, so muß man zu ermitteln suchen, auf welcher Grundlage der Künstler gearbeitet hat.

Auf vielerlei Weise werden Abbildungen und literarische Berichte aufeinander wirken.

III. Schluß auf die Wirklichkeit.

61. Wir nähern uns dem, was das eigentliche Ziel der historischen Untersuchung bildet, nämlich uns die Menschen der Vergangenheit, ihr Leben und ihre Handlungen vorzustellen. Aber sobald wir fragen, wie wir aus den Quellen Schlüsse auf die Wirklichkeit ziehen können, wird ein ganz neuer Gesichtspunkt maßgebend. Bisher haben wir über die einzelne Quelle gesprochen. Selbst wenn wir, um sie zu verstehen und zu bewerten, beständig gezwungen waren, den Vergleich mit andern Quellen zu suchen, so stand doch die einzelne Quelle für sich im Mittelpunkt. Wenn wir nun nach der Wirklichkeit fragen, wird diese der Mittelpunkt, und die Quellen treten in Beziehung zu dem Ziele, das wir zu erreichen suchen. Wir wollen wissen, wie wir uns die Kaiserkrönung Karls des Großen, die Eroberung Preußens durch den deutschen Orden, die Persönlichkeit König Friedrich Wilhelms IV. vorzustellen haben; nach dem Ziel, das wir erreichen wollen, werden die Quellen geordnet. Der Erzähler, der für die eine Frage ein Zeuge ersten Ranges ist, hat für eine andere einen äußerst geringen Zeugenwert oder gar keinen; über den einen Punkt haben wir zahlreiche Aufschlüsse, über einen andern nur eine ganz vereinzelte Aussage.

62. Wenn wir uns näher darüber klar werden, wie wir Schlüsse auf die Wirklichkeit ziehen, so zeigt sich, daß wir zwei ganz verschiedene Wege gehen. Ent-

weder sagen wir: hier haben wir ein Erzeugnis von
Menschen der Vergangenheit oder einen leibhaftigen
Rest von ihnen selbst. Daraus können wir schließen,
daß diese Menschen die Handlung, durch die dieses
Produkt hervorgebracht wurde, unternommen, oder
daß sie selbst eine Gestalt gehabt haben, die diesem
Überrest von ihnen entspricht. Oder wir sagen: hier
haben wir eine Mitteilung über eine Handlung oder
einen Zustand in der Vergangenheit. Und die Frage
lautet dann, ob wir daran glauben und sie uns ganz oder
teilweise aneignen können.

Dieser Gegensatz hat in entscheidender Weise der
modernen Geschichtsforschung ihr Gepräge gegeben.
Früher baute man überwiegend auf die Berichte
über die Vergangenheit, und durchgehends hegte man
großes Vertrauen zu ihnen. Wir haben jedoch festgestellt, daß, wo wir einen Bericht besitzen, wir nicht
die Handlung der Vergangenheit sehen, sondern nur
die Wiedergabe des Erzählers, und daß wir daher, um
Sicherheit zu gewinnen, überhaupt uns deutlich machen
müssen, wieweit wir uns auf den Erzähler verlassen
können. Im Gegensatz hierzu hat die moderne Geschichtsforschung mit Vorliebe auf den Schlüssen aufgebaut, die man aus dem, was noch unmittelbar von dem
Leben der Vergangenheit zugänglich ist, ziehen kann.
Jedoch muß man sich vergegenwärtigen, daß wir auch
hier nicht Handlungen der Menschen der Vergangenheit unmittelbar sehen, sondern allein das Erzeugnis,
wozu sie geführt haben: wir gehen mit unseren Schlüssen von dem erzeugten Resultat zurück zu der erzeu-
genden Handlung selbst. Aber freilich ist dieser Rückschluß oft einfacher und sicherer, als wenn wir auf den
Bericht des Zeugen zurückgreifen und diesen Zeugen
bewerten müssen. Jedes Erzeugnis bürgt schon selbst
dafür, daß eine Handlung vor sich gegangen ist, wäh-

rend ein Bericht völlig das Produkt menschlicher Phantasie sein kann, ohne etwas Entsprechendes in der Außenwelt zu haben[1]).

[1]) Als der dänische Geschichtsforscher C. Paludan-Müller die Quellen für die Vorgeschichte des Stockholmer Blutbades einer kritischen Prüfung unterwarf, stellte er Seite um Seite den ein paar Jahre später erstatteten Bericht einiger Augenzeugen und die Aussage eines Urteils vom 8. November 1520 nebeneinander. Aber er hatte gar keinen Blick dafür, daß dieses letztere ein Glied in der Vorgeschichte selbst bildet, eine schriftlich festgelegte Handlung der Richter, und er sah daher auch nicht ein, wie entscheidend es für den Wert des Berichts der Augenzeugen war, daß sie dieses Urteil nicht erwähnten, das sie selbst hatten fällen helfen.

Bei dem hier aufgestellten scharfen Unterschied zwischen zwei verschiedenen Arten von Schlüssen scheint es mir, daß man darüber Klarheit erlangt, welcher Gegensatz die deutschen Methodiker zu einer Scheidung der Quellen selbst veranlaßt hat (vgl. § 6—7). Man versteht dabei auch, daß die in Deutschland aufgestellte Zweiteilung der Quellen in Frankreich keinen Beifall gefunden hat, aber die Gerechtigkeit gebietet doch hinzuzufügen, daß den französischen Methodikern freilich oft in zu hohem Grade der Blick für die Schlüsse fehlt, die von den Quellen aus, soweit sie als Erzeugnisse von Menschen der Vergangenheit angesehen werden, gezogen werden können. Wie sonderbar ist es doch, Monod feststellen zu hören, daß der Historiker »niemals die Handlungen (les faits) selbst beobachtet, sondern allein den Eindruck, den sie auf diejenigen gemacht haben, die Zeugen von ihnen gewesen waren oder von ihnen hatten reden hören« (De la méthode dans les sciences S. 326).

Schlüsse auf die äußere Wirklichkeit.

Schlüsse aus Überresten von Menschen der Vergangenheit und der sie umgebenden Natur.

63. Welche Schlüsse man auf die Menschen, die einst gelebt haben, aus den Überresten, die wir von ihnen

vorfinden, ziehen kann, dies zu lehren wird in der Haupt-
sache die Aufgabe des Anthropologen sein, und der
Historiker muß zumeist sich damit begnügen, den
Entstehungsort und die Zeit des Überrestes zu bestimmen.

Auch bei allen Schlüssen auf die Naturverhältnisse,
unter denen die Menschen gelebt haben, spielt nicht
der Historiker, sondern der Naturforscher die erste
Rolle. Die nähere Bestimmung jedoch der Veränderung
der Natur während der Zeit, daß Menschen auf der
Erde leben, beruht zu einem wesentlichen Teil darauf,
welche Aufschlüsse aus älterer Zeit der Historiker beschaffen kann.

Schlüsse von dem Erzeugnis aus.

64. Jedes menschliche Erzeugnis ist selbst ein Beweis dafür, daß hier eine Handlung stattgefunden hat,
und der Rückschluß aus dem vorliegenden Resultat der
Handlung auf diese selbst ist in vielen Fällen sehr einfach. Wie der Mensch der Steinzeit seine einfachen
Geräte erzeugt hat, ist leicht zu begreifen; wenn wir
einen Brief vor uns liegen haben, so gibt dies uns beinahe ebenso viel, wie wenn wir hinter dem Briefschreiber gestanden hätten und ihm gefolgt wären, während
er Wort für Wort niederschrieb. Sehr oft ist jedoch
der Rückschluß verwickelt und unsicher, weil das
vorliegende Erzeugnis eine höchst verwickelte Vorgeschichte hat: wie viel hat nicht der große Schriftsteller gearbeitet, bis er soweit gekommen ist, sein
Werk in der Gestalt vorlegen zu können, in der wir es
nun haben, wie viele komplizierte Operationen liegen
nicht hinter einer modernen Maschine!

Zudem interessieren wir uns oft weniger für die
Entstehung eines Erzeugnisses als für den Zweck desselben. Die Bearbeitung des Gerätes interessiert uns

oft weniger als sein Gebrauch; nicht um die Niederschrift des Briefes kümmern wir uns eigentlich, sondern
um den Zweck, den der Briefschreiber mit seinem
Brief erreichen wollte. Dies alles bleiben Schlüsse,
die mit viel Unsicherheit verknüpft sind, selbst wenn
ihr Ausgangspunkt genügend fest liegt.

65. Auf vielen Gebieten bauen wir doch unmittelbar auf den Erzeugnissen selbst auf. Die Geschichte
der einzelnen Wissenschaften kann überwiegend auf den
erhaltenen Schriften des betreffenden Gebietes selbst
aufgebaut werden; die wichtigsten Teile der Kunstge-
schichte bauen unmittelbar auf den Kunstwerken auf;
die Rechtsauffassung einer Zeit kann zu einem wesentlichen Teil aus den Gesetzen der Zeit herausgelesen
werden.

66. Einen großen Wert für den Historiker besitzen
»Urkunden« — man definiert sie am besten als Aussagen,
denen der Aussteller ein solches Gewicht beigelegt hat,
daß er, unter besonderen Verhaltungsmaßregeln, sich
bemüht hat, sie als genau seine Aussagen sicherzustellen.
Diese Garantien sichern freilich nur die Tatsache, daß
es sich um die Worte des Ausstellers handelt, und man
darf daraus keineswegs schließen, daß seine Erklärungen
in der Urkunde selbst unbedingt wahr sind. Aber oft
haben Aussagen dieser Art eine rechtlich bindende Kraft:
der Vertrag bindet die Mächte, die ihn geschlossen
haben; der Schuldbrief bindet den Schuldner. Urkunden sind oft gleichsam schriftlich festgelegte Handlungen.

Schlüsse vom Bericht aus.

67. Der Schluß vom Bericht aus ist weniger sicher
als der Schluß von dem Erzeugnis aus. Aber allein der
Bericht kann uns ein lebendiges Bild der Handlung

geben, und nur durch Berichte kann man die Fülle
menschlicher Handlungen kennenlernen, die nicht
materielle Erzeugnisse schaffen — wenn dieses letztere
Wort in weitem Sinne genommen wird, so daß es auch
schriftliche oder bildliche Werke des Geistes umfaßt.

68. Bei dem Schluß vom Bericht aus bauen wir
allein auf denjenigen Berichten auf, die Zeugenwert
haben, oder mit andern Worten: wir schließen alle
sekundären Quellen völlig aus, alle diejenigen, die kein
anderes Wissen bieten, als auch wir uns verschaffen
können, weil sie auf Berichten beruhen, zu denen auch
wir Zugang haben. Diese Erkenntnis und das Studium
der Verwandtschaft der Quellen, das mit ihr folgt, hat
daher zu einer durchgreifenden Änderung in unserer
Stellung zu dem ganzen Quellenstoff geführt.

Daß sekundäre Quellen keinen Zeugenwert haben, ist
von selbst einleuchtend, so gewiß als keine Erzählung durch
Wiederholung wahrer wird. Man kann zwar sagen, daß
derjenige, der ein selbständiges Wissen über eine Begebenheit besitzt und trotzdem an Stelle einer eigenen Schilderung
derselben nur eine ihm vorliegende wiedergibt, damit ge-
wissermaßen bezeugt, daß diese ihm als wahr erscheint.
Das ist jedoch richtiger in der Theorie als von Bedeutung
in der Praxis, so gewiß als besonders ältere Geschichtsschreiber aus großem Mangel an Kritik und einer gewissen
Bequemlichkeit oft auf diese Weise die Schilderungen anderer wiedergaben, selbst wenn sie bei ein wenig Nachdenken
die Schwächen bei ihnen hätten wahrnehmen können[1]).
Etwas anderes ist es, wenn eine sekundäre Quelle sich
bemüht, Fehler und Mängel in der Quelle, die sie benützt,
zu berichtigen. Diese Berichtigungen können Wert haben,
aber wenn wir ihnen zustimmen, so geschieht dies, weil wir
sie selbst als berechtigt anerkennen, nicht weil der sekundäre
Erzähler sie gibt, mit andern Worten, wir erkennen an,
daß die sekundäre Quelle Interpretationswert besitzt, legen
ihr dagegen keinen Zeugenwert bei[2]). Auf dieselbe Weise

werden wir ja eine Konjektur eines ausgezeichneten Philologen annehmen, aber wir tun dies nicht, weil er ein anderes Wissen als wir gehabt hat, sondern weil wir die Motive
verstehen und billigen, die ihn zu seiner Vermutung geführt
haben.

¹) Ranke hat bewiesen, daß Guicciardini »auch bei den
allerwichtigsten Begebenheiten, für die ihm viele ursprüngliche
Berichte hätten zur Hand sein müssen«, Zug für Zug einer ge-
druckten Schilderung, die nichts weniger als zuverlässig war,
gefolgt ist.

²) Korners Bericht über die Schlacht auf Falen (vgl. S. 49)
beruht überwiegend auf dem Detmars. Dieser erzählt, daß als
Königin Margarethe auf Warberg die Nachricht von dem Sieg
erhielt, »sie nach Bahus ritt«; Korner läßt sie statt dessen »ihren
Wagen besteigen«, indem er offenbar gemeint hat, daß eine Für
stin nicht reiten würde. Detmar erzählt über das Auftreten
Gerd Snakenburgs in der Schlacht und sagt: »Dies war sein erster
Tag als Ritter.« Korner sagt, er sei »bei Beginn des Kampfes
zum Ritter geschlagen worden«, da er weiß, daß der Ritterschlag
nach der Sitte der Zeit in diesem Augenblick stattfand. Beides
sind seine Auslegungen; wir stimmen der letzteren bei, verwerfen
aber die erstere, die auf einer unrichtigen Übertragung auf den
Norden von dem, was Sitte in Deutschland war, beruht.

Vorsichtshalber soll hier daran erinnert werden, daß
jeder sekundäre Bericht natürlich als Erzeugnis seines
Verfassers benutzt werden und gerade dadurch, wie er seine
Quelle benutzt hat, Aufschluß über seinen Charakter, seine
Eigenschaften und Meinungen geben kann.

69. Wenn wir allein auf den Quellen aufbauen, die
Zeugenwert haben, so zeigt uns die Quellenkritik, daß
dieser Wert sehr ungleich ist entsprechend dem Charakter des einzelnen Berichterstatters; dazu kommt übrigens noch die Rücksicht auf die Wirklichkeit, der wir
nahezukommen suchen. Eine Handlung kann so grob
und unkompliziert sein, daß selbst ein recht ungenauer
Beobachter sie nicht leicht wird unrichtig wiedergeben
können, eine andere kann so kompliziert und in sich

selbst unklar sein, daß selbst ein äußerst scharfer Beobachter hier leicht zu kurz kommen wird.

70. Haben wir nur e i n e n Zeugen, e i n e n Beobachter, dann werden wir niemals Sicherheit erlangen können. Selbst der beste Beobachter einer sehr leicht zu beobachtenden Wirklichkeit kann sich doch irren. Dies wollen die Historiker nicht gerne zugeben, weil wir bei so manchen Fragen tatsächlich nur eine Quelle haben, auf der wir aufbauen können, und dabei handelt es sich sogar oft um eine solche, die den Begebenheiten recht fernsteht. Aber es nützt nichts, diese Wahrheit zu verschleiern.

Als eine Ausnahme, bei der man mit einem Zeugen Sicherheit zu erlangen vermag, kann wohl allein der Fall angeführt werden, daß ein Erzähler etwas berichtet, was er selbst für unrichtig halten muß, dessen Richtigkeit wir aber gleichwohl aus begleitenden Umständen ersehen können. Ein typisches Beispiel ist Herodots Bericht (IV, 42) über die Umseglung Afrikas durch die Phönizier, wobei sie, wie er sagt, die Sonne rechts (d. h. nördlich) bekamen; dieser Umstand, den er für eine Unmöglichkeit ansah, ist für uns gerade der Beweis für die Richtigkeit der Erzählung, indem es für die damaligen Menschen unmöglich sein mußte, das zu erraten, was ganz außerhalb ihres Gedankenkreises lag. (Es ist trotzdem Zweifel gegen den Bericht geäußert worden — vgl. How & Wells, A commentary on Herodotus (1912) I, 318 —, aber kaum mit Grund.)

Wie man sich nach Bernheims ganzer vermittelnder Stellung denken kann, gehört er zu denen, die das hier Ausgesprochene nicht offen erkennen wollen. In der ersten Ausgabe seiner Schrift sprach er sogar scharf aus, daß, wo wir nur den »unkontrollierbaren« Bericht eines einzigen Beobachters haben, wir meistens (!) Mittel besitzen, um aus inneren Gründen die Zuverlässigkeit der Beobachtung zu bestimmen; in der letzten Ausgabe (1908) werden, S. 536, gewundene Ausdrücke gebraucht, die jedoch nach derselben

Richtung gehen. Aber verfolgt man in Einzelheiten, was
Bernheim darüber sagt, so gelangt man zu einem ganz andern Ergebnis. Über die Zuverlässigkeit des einzelnen
Beobachters wird nach langen Darlegungen gesagt: »Überhaupt ist ein allseitiges Urteil über die Tatsächlichkeit der
Begebenheiten aus dem Moment der Zuverlässigkeit a l l e i n
nicht zu gewinnen. Es steht dem die Unvollständigkeit und
die Verschiedenheit der individuellen Auffassung jedes Au-
tors entgegen« (S. 524), und es wird auf die Notwendigkeit
anderer Kontrolle hingewiesen. Aber in dem Fall, wo es
sich um »einmal bezeugte Tatsachen« handelt, haben wir
nur die indirekte Kontrolle bei Prüfung des einzelnen Zeug-
nisses »auf seine innere Wahrscheinlichkeit hin, d. h. ob es
in den uns sonst bekannten Zusammenhang der Tatsachen
hineinpaßt« (S. 536). Sehen wir dann nach, was Bernheim
Näheres darüber sagt (S. 533), so finden wir doch als Ergebnis: »mit Recht warnt man stets davor, diese allein als
Gewähr der Tatsächlichkeit eines Quellenzeugnisses gelten zu
lassen«, was mit einem schlagenden Beispiel beleuchtet wird.

Wenn Bernheim, S. 536, dazu gelangt, daß wir nur Zeugnisse verwerfen dürfen, wenn sie von Autoren herrühren,
»deren Zuverlässigkeit wir nicht genügend erproben können«, so läßt sich dies wohl sagen, aber man ist genötigt
hinzuzufügen, daß dieser »genügende« Beweis meistens nicht
geführt werden kann.

71. Wo wir mehrere Berichte über denselben Vorgang haben, ist es dagegen möglich, Sicherheit zu erlangen, wenn sie unabhängig und unbeeinflußt voneinander sind. Dies ist jedoch meist recht schwer zu
entscheiden; wo Berichte zweiter Hand in Frage stehen,
wird es oft zweifelhaft sein, ob sie nicht von denselben
Augenzeugen stammen, und handelt es sich auch um
Augenzeugen, so können diese doch leicht aufeinander
eingewirkt haben. Und selbst wenn man wirklich zwei
oder mehrere völlig selbständige Beobachter desselben
Vorgangs hat, darf man nicht vergessen, daß sie immer

alle doch Menschen sind und daher nicht nur alle Mängel menschlicher Beobachter haben, sondern daß sie
durch fehlerhafte Neigungen leicht alle in dieselbe
Richtung geführt sein können. Diese Möglichkeit wächst
dadurch, daß Augenzeugen in demselben Zeitalter leben
und deshalb einen großen allgemeinen Hintergrund
haben, der ihrer Beobachtung und Wiedergabe sein
Gepräge gibt. Ferner gehören sie vielleicht dem gleichen
Volke an oder haben gleiche politische und religiöse
Anschauungen[1]). Umgekehrt wird es sich ja oft bei
historischen Begebenheiten um etwas so Grobes und in
die Augen Fallendes handeln, daß man dennoch hoffen
kann, Sicherheit zu erlangen, wenn mehrere Beobachter
glauben, dasselbe gesehen zu haben.

[1]) Was die Schlacht auf Falen anbetrifft (S. 49), so tritt
einige Zeit später teils in Dänemark, teils in Schweden, quellen-
mäßig völlig ohne Verbindung, die Behauptung auf, die kämp-
fenden Parteien hätten im voraus ausgemacht, wo sie sich zum
Kampfe begegnen wollten. Dies ist sicher nicht richtig, weil die
Vorgeschichte der Schlacht deutlich beweist, daß das Heer Margarethes gerade unvermutet in den Rücken Albrechts kam. Man
hat offenbar in gewissen Kreisen des Volkes die Anschauung gehabt, feine Kriegssitte verlange eine vorhergehende Abmachung,
und so hat diese gemeinsame Anschauung der Zeit an zwei verschiedenen Orten die Behauptung entstehen lassen.

72. Die verschiedenen Zeugen werden natürlich
immer die Begebenheit etwas abweichend darstellen;
dies liegt sowohl an ihrer verschiedenen Individualität
wie an ihrer verschiedenen Stellung gegenüber der
Begebenheit. Soweit man sich die Wirklichkeit so
vorstellen kann, daß die Abweichungen erklärlich werden, erregen sie kein Bedenken, ja wir betrachten
sie sogar mit einer gewissen Freude, weil sie uns
die Gewähr dafür geben, daß die Beobachter eben
selbständige Zeugen sind[1]). Sind die Abweichungen
dagegen wirkliche, einander ausschließende Wider-

sprüche, so muß ja die Erklärung dahin gehen, daß
einer der Zeugen oder vielleicht alle falsch gesehen oder
unrichtig wiedergegeben haben. In solchem Falle können wir nur dadurch zu einer wohlbegründeten Vorstellung von dem wirklichen Sachverhalt gelangen, daß
wir uns genau in die Eigentümlichkeit jedes Zeugen
hineinversetzen und uns klarzumachen suchen, wie
er wahrscheinlich seine Darstellung gebildet hat.

Oft ist es lehrreich, das Problem folgendermaßen zu
verdeutlichen: Können die Züge, die B hat, aus dem Charakter dieses Zeugen erklärt werden, wenn der Vorgang so geschehen ist, wie A ihn wiedergibt, und kann umgekehrt A's
Darstellung nicht erklärt werden, wenn B's Darstellung die
mit der Wirklichkeit übereinstimmende ist?[2]) (Die Regel
wird auch formuliert von Freeman, Methods of historical
study S. 136.)

[1]) Ein typisches Beispiel gibt Bernheim, S. 512 ff., indem er
die römische und die fränkische Darstellung von König Pippins
erster Zusammenkunft mit Papst Stephan zusammenstellt, wobei jeder Teil hervorhebt, was für seinen Landsmann am schmei-
chelhaftesten ist, ja der eine läßt den König vor dem Papst
knieen, der andere schildert das Gegenteil.

[2]) Die Überlieferung des dänischen Volkslieds läßt Graf Ger-
hard von Holstein von Niels Ebbesen ermorden, teils bei Nacht
und mit List (A), teils bei Tag und ohne List (B). Wenn der Mord
in Randers sich so zugetragen hat, wie B will, ist unerklärlich,
weshalb A, der von größter Bewunderung für Niels Ebbesen er-
füllt ist, dessen Tat auf diese Weise verdreht hat. Ist der Mord
dagegen so geschehen, wie A ihn darstellt, so kann man wohl
begreifen, daß man in Dänemark, um Niels Ebbesen gegen jeden
Vorwurf zu sichern, die Begebenheit selbst so gründlich umgeformt hat. B's Schilderung hat auch den Charakter einer Ver-
teidigung (»der Graf wurde bei Tag ermordet und nicht bei Nacht
mit allen«).

73. An diesem Punkte tritt der Unterschied zwischen der älteren naiven Kritik und der modernen
Quellenkritik scharf zutage. Quellenkritisch wird man

immer nicht mit den einzelnen Berichten, sondern mit
den Erzählern rechnen, mit den Zeugen. In älterer Zeit
betrachtete man dagegen jeden Bericht für sich allein
und ging, freilich ohne sich dessen recht bewußt zu sein,
davon aus, daß dieser gleichsam ein Stück der Begebenheit selbst sei[1]). Anstatt den Grund für Abweichungen
in die Zeugen selbst zu verlegen, suchte man sich die
Wirklichkeit so vorzustellen, daß die Berichte so weit
als möglich alle recht bekamen, man suchte das Gemeinsame und alles, was irgendwie zusammenstimmen
konnte, in ihnen auf; und so stellte man die Wirklichkeit durch eine mosaikartige Zusammensetzung der
einzelnen Züge der Berichte her. Man glich die Gegen-
sätze nach bestem Vermögen aus, und die ganze Kritik
erhielt einen vermittelnden Charakter. — Moderne
Kritik dagegen sieht gerade den Gegensätzen scharf ins
Auge, indem sie die Gesamtauffassung jedes Berichterstatters klarstellt. Sie bemüht sich die einzelnen
Widersprüche aus dem Ganzen der Berichte zu verstehen, und während die ältere Kritik naiv meinte, in
jedem Bericht müsse wohl etwas Wahres sein, ist es
für uns feststehend, daß eine gewisse Gesamtauffassung
sehr leicht Details erzeugt, die überhaupt keine Wurzel
in der Wirklichkeit haben. Wir werden daher sehr vorsichtig damit sein, Züge von ganz entgegengesetzten
Seiten zusammenzufassen.

[1]) Das ältere naive Vorgehen findet sich natürlich oft genug
bei Dilettanten in unseren Tagen wieder, und ein solcher hat in
Dänemark seine »historische Methode« mit einem sehr treffenden
Vergleich beleuchtet. Er weist auf das wohlbekannte Spielzeug
hin, das darin besteht, daß man ein Bild auf ein Holzbrett klebt
und dann das Brett in viele Stücke schneidet. Die Aufgabe des
Kindes ist es nun, die Stücke in d e r Ordnung zusammenzulegen,
daß das Bild hervortritt. Hier sieht man deutlich, wie die Berichte
über eine Begebenheit als kleine Stücke der Begebenheit selbst
aufgefaßt werden.

74. Neuere Kritik hat einen sicheren Blick für das subjektive Moment in der historischen Überlieferung, das die ältere Kritik naiv übersah oder nur in geringem Grade betonte. Die neuere Kritik wird daher im allgemeinen Berichte niedriger einschätzen als die ältere, aber der Unterschied zeigt sich doch besonders in der abweichenden Bewertung der verschiedenen Berichte. In älterer Zeit machte man nur geringe Wertunterschiede zwischen primären und sekundären Quellen, älteren und jüngeren Berichten[1]). Neuere Kritik macht hier den schärfsten Unterschied geltend: sie scheidet sekundäre Quellen ganz aus und erhält dadurch den Quellenstoff gereinigt und vereinfacht; sie schätzt spätere Quellen niedrig ein (viel niedriger als die ältere Zeit) und ältere, besonders gleichzeitige, verhältnismäßig hoch, so daß sie größere Bedenken hat, von ihnen abzusehen, als die ältere Zeit hatte[2]).

[1]) Über Augustin Thierry (Histoire de la conquête de l'Angleterre par les Normands) sagt Freeman, daß für ihn alle Quellen gleich gut waren, wenn sie nur älter waren als die Erfindung der Buchdruckerkunst.

[2]) Die Schlacht auf Falen (S. 49) wird in den gleichzeitigen Quellen auf den Matthiastag (24. Februar) 1389 datiert, in den viel zahlreicheren jüngeren auf den St. Matthäustag im Herbst (21. Sept.) 1388. Die älteren Geschichtsschreiber hielten im allgemeinen an letzterer Angabe fest, teils weil die meisten Quellen sie haben, teils auf Grund des ausdrücklichen »im Herbst«, während eine Verschreibung von »Matthäi« zu »Matthiä« leicht erklärlich erscheint. Der erste Grund ist unrichtig, da man die Quellen nicht zählen, sondern wägen soll; der andere dagegen ist an und für sich ganz vernünftig, aber er setzt voraus, daß die beiden Quellengruppen von gleichem Werte sind, was sie gerade nicht sind.

Gemeinsamer Schluß vom Erzeugnis und vom Bericht aus.

75. Wenn wir den Blick dafür gewonnen haben, welch große Unsicherheit sich in den Berichten ver-

birgt, so erklärt dies auch, daß wir, so weit als möglich, es vorziehen, auf den Erzeugnissen aufzubauen, und am meisten sind wir befriedigt, wenn wir beide Arten des Schlusses vereinen können. In quellenreicheren Zeiten kann dies in mancherlei Hinsicht geschehen, und wo das Erzeugnis auf solche Weise zu der Beschreibung der im Bericht wiedergegebenen Handlung paßt, erlangen wir die größte Sicherheit. Dabei darf jedoch nicht die Unsicherheit übersehen werden, die darin liegen kann, daß wir nicht mit voller Gewißheit den Ursprung des Erzeugnisses bestimmen, oder daß wir, was den Charakter des Erzeugnisses betrifft, leicht fehlgreifen können, z. B. eine bloße Stilprobe aus einem Formularbuch als eine wirkliche Urkunde auffassen oder den Entwurf eines Vertrags als den abschließenden Frieden betrachten.

Schlüsse auf das Seelenleben.

76. Mit gutem Grunde bezeichnet man als höchstes Ziel der historischen Forschung das Verstehen der seelischen Bewegungen, die hinter den Handlungen der Menschen liegen; anderseits muß man sich aber klar darüber werden, welch großen Schwierigkeiten man dabei begegnet. Unmittelbar kann ich nur das Seelenleben eines einzigen Menschen kennenlernen, mein eigenes. Was ich über einen andern Menschen zu wissen glaube, muß ich entweder auf dem aufbauen, was er mir mitteilt, oder auf dem, was ich aus den Tatsachen schließen zu können glaube, die ich zu sehen vermag, seinen Mienen und Bewegungen, seinen Handlungen und seinem ganzen Auftreten. Aber im ersten Falle bin ich davon abhängig, ob der andere das, was sich in seinem Inneren rührt, richtig verstanden und richtig wiedergegeben hat; im andern Falle bleibt mein Schluß äußerst unsicher, weil ganz verschiedene Seelenbewegungen denselben Aus-

druck hervorbringen können und umgekehrt dieselbe
Handlung ganz verschiedene Motive haben kann. Der
Mensch errötet, wenn er auf einem Unrecht ertappt,
aber auch wenn er gelobt, wenn er verlegen wird usw.;
man gibt ein Almosen, aber wie verschiedenartig, ja
entgegengesetzt können die Motive dafür sein! Was
hier für die Gegenwart gesagt ist, gilt auch für unsere
Stellung den Menschen der Vergangenheit gegenüber,
nur daß dabei die unmittelbare Beobachtung wegfällt.

77. Wenn wir uns das Seelenleben von Menschen
vorzustellen suchen, begegnen wir auch hier den beiden
voneinander verschiedenen Arten des Schließens, die
wir überall anwenden: entweder machen wir Rückschlüsse von dem Erzeugnis aus, oder aber wir bauen
auf dem Bericht auf. Die beiden Arten des Schließens
kommen hier doch einander sehr nahe, soweit wir uns
ganz allein an die Berichte erster Hand halten. Diese
stammen ja nämlich von einem einzigen Zeugen her,
von dem Betreffenden selbst; denn nur der kann unmittelbar sein eigenes Seelenleben beobachten. Aber
die Erzeugnisse sind ja auch die seinigen, und wenn das
Erzeugnis nur eine Aussage ist, so macht es beinahe
keinen Unterschied, ob wir sagen: aus dieser Aussage
ziehen wir den Schluß, daß der Sprechende in diesem
Augenblick froh und zufrieden war, oder ob wir diese
Freude unmittelbar ausgesprochen finden und daher
fragen, ob die Gefühle des Mannes nun auch seinen Aussagen entsprechen. Etwas ferner rücken die beiden Arten
des Schließens einander, wenn die Handlung derart ist,
daß sie nicht unmittelbar einen Seelenzustand ausdrückt.

Bei allen Selbstbekenntnissen schiebt sich die Zeugenbewertung ein; wir hegen größeres oder geringeres
Vertrauen zu ihnen, je nachdem wir den Zeugenwert
des Sprechenden höher oder niedriger einschätzen. Da-

6*

zu kommt noch die Rücksicht auf die Verhältnisse,
unter denen die Aussage geschieht. Die Absicht eines
Staatsmannes wird man nur sehr wenig aus seinen
Aussagen gegenüber fremden Mächten kennenlernen.
Was er zu dem Gesandten seines eigenen Staates sagt,
hängt ganz davon ab, welches Zutrauen er zu dem Betreffenden hegt, und am nächsten der Wahrheit können wir ihn nur da zu finden hoffen, wo er sich gegenüber seinen vertrauten Freunden äußert.

78. Was andere als der Betreffende über das Seelenleben eines Mannes äußern, kann entweder auf Schlüssen beruhen, die sie aus seinen Handlungen ziehen, oder
es kann die Wiedergabe seiner eigenen Aussagen sein.
Im ersten Fall müssen wir soweit als möglich uns klar
darüber werden, auf welchen Handlungen sie aufbauen,
um alsdann zu prüfen, ob wir nun auch aus ihnen den
gleichen Schluß ziehen dürfen. Im zweiten Fall tritt
eine doppelte Zeugenbewertung ein, sowohl in bezug
auf den Betreffenden selbst wie auf den Erzähler.

79. So sind alle Schlüsse auf das Seelenleben un-
sicherer, als wenn von einer äußeren Handlung die
Rede ist, ganz abgesehen davon, daß das, was man zu
erlangen sucht, etwas feiner und zusammengesetzter ist.
Und wenn wir bei äußeren Begebenheiten Sicherheit
erlangen können, wo wir mehrere Beobachter haben, so
ist dies da ausgeschlossen, wo jeder Weg zu dem Seelenleben eines Menschen nur durch ihn selbst geht; wir
können hier niemals mehr als einen wirklichen Zeugen
erster Hand bekommen.

Quellenkritik, ergänzt durch Realkritik.

80. Wir haben den Weg verfolgt, der uns von den
Quellen zu einer Vorstellung des Lebens und Handelns
von Menschen der Vergangenheit führen kann. Aber

der Quellenstoff ist so mangelhaft überliefert, die Quellen selbst lassen oft nur so unsichere Schlüsse zu, daß wir überall Stützen bei andern Arten des Schließens als bei dem unmittelbar von den Quellen ausgehenden suchen müssen.

Wir suchen in die sachlichen Verhältnisse selbst einzudringen und kommen dabei zu Überlegungen der verschiedensten Art. Näher betrachtet zeigt sich, daß wir teils auf dem Zusammenhang aufbauen, der im Menschenleben zutage tritt, teils uns auf die Gleichheit stützen, die in den menschlichen Handlungen herrscht. Dies kann jedoch nur in seinen Hauptzügen angedeutet werden.

Schlüsse vom Zusammenhang aus.

81. In jeder Begebenheit ist ein gewisser Zusammenhang, und ihn benützen wir, um zu prüfen, ob die einzelnen Züge, die die Berichte geben, stimmen oder nicht, oder wir füllen damit Lücken in der Überlieferung aus.

82. Wir verlassen uns auf die Zusammenhänge der Person. Wenn dieselbe Person in einem Aktenstück *electus* genannt wird, in einem etwas späteren *episcopus Slesvicensis*, so schließen wir mit voller Sicherheit, daß der Betreffende in der Zwischenzeit zum Bischof geweiht worden ist.

Allein auf diese Weise können unsere Schlüsse auf das Seelenleben größere Sicherheit erlangen. So unsicher es ist, von einer einzelnen Handlung auf ein bestimmtes Motiv zu schließen, so wird die Wahrscheinlichkeit viel größer, wenn wir dieselbe Person wiederholt in derselben Weise handeln sehen.

83. Ferner verlassen wir uns auf den größeren ursächlichen Zusammenhang. Der Umstand, daß

ein Gesetz offensichtlich im Gebrauch ist, gibt uns die Sicherheit, daß es wirklich in Kraft getreten ist. Wenn man sieht, daß die Römer zu einem gewissen Zeitpunkte in Besitz von *agri decumates* waren, die sie einige Zeit vorher nicht besessen hatten, so können wir daraus schließen, daß die Besitzergreifung in der Zwischenzeit vor sich gegangen ist. Auf diese Weise verfolgen wir jede Begebenheit sowohl vorwärts dadurch, daß wir ihre Folgen ins Auge fassen, wie rückwärts dadurch, daß wir ihre Voraussetzungen suchen, und das eine wie das andere wirft Licht auf die Begebenheit selbst.

84. Besonders fruchtbar ist der Rückschluß, da unsere Kenntnis ja in der Regel zunimmt, je näher wir unserer eigenen Zeit kommen. Am deutlichsten offenbart sich dies, wo wir uns auf die Erfahrung der Gegenwart gründen; daß diese oder jene Institution in unsern Tagen vorhanden ist, zeigt ja schon selbst, daß sie früher geschaffen wurde. Auf ähnliche Weise können wir von unsern Dörfern aus, wie wir sie genau für das 17. und 18. Jahrhundert beleuchten können, Schlüsse auf den Charakter des Dorfes selbst in fernen Zeiten ziehen. Man muß sich jedoch bei derartigen Schlüssen hüten, den Entwicklungsgang zu geradlinig zu zeichnen; das Resultat, das wir vor Augen haben, kann ja auf sehr gewundenen Wegen erreicht worden sein.

85. Eigentümlich ist der Rückschluß von Rudimenten (survivals), toten oder sterbenden Resten von Dingen, die zu ihrer Zeit lebend und kräftig gewesen waren. Wir können Worte wie »allergnädigst« oder »hochselig« gebrauchen, aber sie müssen in einer Zeit entstanden sein, wo die Ehrfurcht vor der Königsmacht einen ganz andern Charakter hatte als zu unserer Zeit. Aus der römischen Formel *populus plebesque* schloß Niebuhr, daß die Plebs einmal in der Vergangenheit

nicht zu dem römischen Volk gerechnet worden ist, so
daß dieses ursprünglich allein aus Patriziern bestand.

86. Der Rückschluß kann auch negativ wirken.
So heißt es, dieses oder jenes sei geschehen, aber da wir
keine Folge davon wahrnehmen, ziehen wir den Schluß,
daß die Aussage nicht richtig ist. Dieser Satz ist eine
Erweiterung des Schlusses aus dem Schweigen,
argumentum e silentio, der darauf hinausläuft, daß wir
einen Bericht verwerfen, weil andere Zeugen nicht von
der Begebenheit sprechen. Es ist leicht einzusehen,
daß dieser Rückschluß große Vorsicht verlangt; er setzt
voraus, sowohl daß die Begebenheit gerade diejenigen
Folgen nach sich gezogen haben muß, die wir meinen,
wie ferner auch, daß diese Folgen Spuren hinterlassen
haben, die uns zugänglich sind.

87. Alle Schlüsse, die wir von einem Zusammenhang
aus ziehen, beruhen auf dem Gesetz von Ursache und
Wirkung, und die Sicherheit der Schlüsse beruht darauf, inwieweit wir den Zusammenhang der Ursachen
vollständig übersehen können. Wenn wir Augen dafür
haben, wie verwickelt alle menschlichen Verhältnisse
sind, so werden wir vorsichtig werden, uns zu kühn auf
diese Art von Schlüssen zu verlassen. Trotzdem müssen
sie immer wieder angewandt werden, und wenn dies mit
sicherem Blick für die Schwierigkeiten geschieht, ist viel
auf diesem Wege zu erreichen.

Schlüsse von der Gleichheit aus.

88. Wie für alle andern Wissenschaften, so ist
auch für die Geschichte die Vergleichung eines der
wirksamsten Mittel für das Verständnis. Zugegeben,
daß zwei menschliche Handlungen streng genommen
niemals völlig einheitlich sind — was ja im übrigen auch
für Tiere und Pflanzen gilt —, so kann die Gleichheit

doch außerordentlich groß sein, wenn von mehr all-
täglichen Verhältnissen die Rede ist; und etwas Gleichheit wird immer vorhanden sein, so eigentümlich die
Handlungen sein mögen. Daher kommt es, daß wir
unser Verständnis der einzelnen Begebenheit und des
einzelnen Menschen durch Vergleichung mit andern
vertiefen.

89. Die größte Rolle spielt die Vergleichung da,
wo wir uns auf Erzeugnisse verlassen, die keinerlei
Mitteilung enthalten. Was die Menschen dazu geführt
hat, sie hervorzubringen, wird man oft nur verstehen
können, wenn man imstande ist, sie mit andern gleich-
artigen zu vergleichen. Aus einem einzig dastehenden
Geräte aus der Steinzeit wagt man nicht, viele Schlüsse
zu ziehen; aber wenn wir viele Geräte derselben Form
finden, wenn wir auf einigen von ihnen abgetragene
Stellen finden, wenn wir andere mit einem Holzstück
verbunden finden, andere vielleicht oder Stücke von
ihnen noch tief im Rohstoff sitzend, so können wir
ihren Gebrauch bestimmen.

Aber auch, wo wir durch Berichte einen leben-
digen Eindruck von der Handlung gewinnen, kann
man oft erst durch Vergleichung volles Verständnis
erlangen. Am meisten gilt dies von zeremoniellen
Handlungen; was hier in einem Fall ganz kurz beschrie-
ben ist, kann durch andere Fälle gleicher Art ergänzt
werden. Von einer Sitte sind vielleicht an dem einen
Ort nur einzelne Züge bewahrt, die höchst sonderbar
und unbegreiflich aussehen, an einem andern Ort findet
sich die Sitte vollständiger und wird dadurch verständlich.

90. Die Vergleichung wird lehrreicher, eine je größere Anzahl von Fällen man heranziehen kann. Hat
man nur einige Beispiele, so können die Zufälligkeiten

allzu großes Gewicht bekommen. Man hätte nicht wagen können, großen Wert darauf zu legen, wenn man
in Deutschland nur ein paar fabrikmäßige Erzeugnisse
aus der Römerzeit gefunden hätte, aber daß man zahlreiche gefunden hat, weist auf regelmäßige Verbindung
und starke Einwirkung hin.

Oft wird man bei der Vergleichung sich der Frage gegenüber unsicher fühlen, ob man es mit einer Gleichheit zu
tun hat, die nur daher kommt, daß gleiche Verhältnisse zu
Handlungen der gleichen Art geführt haben, oder ob die
Gleichheit von Einwirkung und Nachahmung herrührt. Sehr
oft werden beide Ursachen Hand in Hand gehen: man hat
etwas von andern entlehnt, weil es zu den Bedingungen
paßte, unter denen man lebte.

91. Die Gefahr bei der Vergleichung liegt besonders
darin, daß man leicht dazu kommen kann, auf zufälligen
Gleichheiten aufzubauen. Jeder weiß, wie die Sprach-
forscher eine Zeitlang glaubten, durch Wortverglei-
chung beweisen zu können, daß alle Sprachen vom
Hebräischen stammen, und daß die vergleichende
Sprachwissenschaft erst dann richtig begonnen hat,
als man statt dessen auf grammatische Verhältnisse der
Sprachen und andere, mehr zentrale Eigentümlichkeiten
sich stützte. Der Historiker muß daraus lernen, die
Vergleiche auf Gebieten anzustellen, wo Gleichheit in
der Grundlage, der Kulturstufe und der Entwicklung
der Gesellschaft herrscht. Nicht die Gleichzeitigkeit ist
hier entscheidend. Mit gutem Grunde kann der Prä-
historiker, um die fernen Zeiten aufzuhellen, denen
sein Studium gilt, Parallelen in primitiven Volksstäm-
men der Gegenwart suchen. Will man Dänemarks
innere Verhältnisse in der Waldemarszeit durch Vergleichung mit dem südlichen Ausland ans Licht stellen,
so muß man sein Augenmerk nicht auf die gleichzeitigen
Zustände richten, sondern um einige Jahrhunderte

früher zurückgehen, weil die gesellschaftliche Entwicklung in Dänemark weniger fortgeschritten war.

Bei der Vergleichung muß man Ungleichheiten in nicht geringerem Grade als Gleichheiten zum Gegenstande der Untersuchung machen. Es ist lehrreich, Dänemarks Kriegsadel des späteren Mittelalters mit dem Adel in Mitteleuropa oder England zu vergleichen; aber die Ungleichheiten sind nicht weniger beachtenswert als die Gleichheiten.

Die historischen Schlüsse beruhen auf der Erfahrung der Gegenwart.

92. Es gilt nicht nur von den sachlichen Schlüssen, sondern auch von den Schlüssen, die von den Quellen aus gezogen werden, daß sie schließlich auf Analogie mit den Erfahrungen der Gegenwart beruhen, und auf der Annahme, daß eine ursprüngliche Gleichheit zwischen den Menschen der Vergangenheit und uns selbst besteht. Wir werden uns dessen nicht bewußt, weil meist von Handlungen die Rede ist, die nichts Ungewöhnliches darbieten, es tritt aber scharf hervor, wenn wir einem Bericht begegnen, der der tagtäglichen Erfahrung widerstreitet. Diesen verwerfen wir sofort, ohne daß es irgendeiner quellenkritischen Überlegung bedarf. Wenn auf der Bayeuxtapete mehrere Pferde grüne Farbe haben, glauben wir nicht, daß jene Zeit grüne Pferde gehabt hat; wenn eine Chronik das Blutbad in der Schlacht von Bornhöved dadurch veranschaulicht, daß »ein auf seinem Pferd aufrechtsitzender Reiter seinen Schild in Blut waschen konnte«, sind wir nicht im Zweifel darüber, daß dies eine Unmöglichkeit ist. Darin liegt demnach beschlossen, daß ein **Historiker** sich nicht damit begnügen darf, allein die **Vergangenheit** zu studieren; er muß sein Urteil dadurch **schärfen,** daß er in seiner eigenen Zeit die Verhältnisse studiert, die er in der Vergangenheit verstehen will.

93. Wo der Historiker Fachgebiete berührt, muß er selbst sich das Verständnis zu schaffen suchen oder mit den Technikern des Faches zusammenarbeiten. In dieser Hinsicht sind die Historiker oft nicht vorsichtig genug; umgekehrt unterschätzen die Techniker leicht, wie notwendig es für sie ist, der Vergangenheit gegenüber Stützen durch Prüfung der historischen Quellen zu suchen[1]).

[1]) Bei Besprechung des Cäsarenwahnsinns der römischen Kaiser bemerkt Karl Joh. Neumann: »Die psychologischen Arbeiten über die römischen Kaiser leiden an einem doppelten Dilettantismus, an dem psychiatrischen der Historiker und dem historischen Dilettantismus desPsychiaters. Beseitigen und heben kann diesen doppelten Dilettantismus lediglich das planmäßige Zusammenarbeiten zweier Fachleute, des Psychiaters und des Historikers. Zur Feststellung der Tatsachen hat die Quellenkritik des Historikers den Grund zu legen und auf dem Grunde der sicher festgestellten Tatsachen kann dann der Psychiater seine Diagnose stellen.« (W. Bauer S. 158.)

94. Was das Gebiet der Natur betrifft, so ist es in unseren Tagen der Naturwissenschaft gelungen, auf den verschiedensten Gebieten eine strenge Gesetzmäßigkeit festzustellen. Wenn historische Berichte etwas erzählen, was im Widerspruch damit steht, können sie niemals Glauben beanspruchen. Die Beobachter, die die Historiker erfassen können, sind allzu zufällig und unzuverlässig, als daß sie ein Gegengewicht zu dem bilden könnten, was die Naturwissenschaft mit einer Mannigfaltigkeit fein durchgeführter Beobachtungen und unter Anwendung von Experimenten aufgebaut hat. Aber der Historiker muß verstehen, daß die Unglaubwürdigkeit des Wunderberichts in zwei verschiedenen Richtungen liegen kann; entweder ist das, was der Erzähler gesehen zu haben glaubt, wirklich vorgegangen, nur erlaubt es nicht die wunderbare Erklärung, die er unterlegt, oder aber das Wunder beruht darauf,

daß die Wirklichkeit von dem Erzähler oder seinen Gewährsmännern phantastisch umgebildet ist.

Theologen lieben es dem Historiker vorzuhalten, daß,
wenn er sich an seine eigene Wissenschaft und seine historischen Quellen halte, er sich in der Frage der Wunder
neutral erklären müsse; wo er sie leugnet, baue er auf
Sätzen auf, die er von andern Wissenschaften entliehen
habe. Das ist ja ganz richtig[1]), nur muß man hinzufügen,
daß auch in allen andern Fragen der Historiker sich nicht
mit den Quellen selbst begnügen darf. Überall muß er sein
und seiner Zeit Wissen und deren Wissenschaft heranziehen.

[1]) »Historisch steht die Existenz des Teufels fester als die
des Pisistratus. Wir haben keine Äußerung eines Zeitgenossen,
der sagt, daß er Pisistratus gesehen hat, aber Tausende von ‚Augenzeugen' erklären, den Teufel gesehen zu haben, und es gibt wenige historische Fakta, die auf so vielen unabhängigen Zeugen
beruhen. Trotzdem tragen wir kein Bedenken, den Teufel zu
verwerfen und Pisistratus anzuerkennen. Das liegt daran, daß
die Existenz des Teufels der Wissenschaft widerstreitet« (Seignobos).

95. In vollem Maße gilt dies von der Tatsache, daß
wir alle unsere Versuche, in das Seelenleben der Vergangenheit einzudringen, auf Erfahrungen der Gegenwart
aufbauen. »Gäbe es oder hätte es je gegeben ein Volk
oder ein Individuum, das in anderer Logik dächte als
wir, dem Haß nicht Haß und Liebe nicht Liebe wäre,
so würde uns die Geschichte desselben noch unzugäng-
licher sein als die Begebenheiten in einem Bienenstock«
(Bernheim). Hier liegt die größte Schwierigkeit der
Geschichte; wir möchten die Vergangenheit verstehen
und besonders das, worin sie von unserer Zeit verschieden ist, und doch können wir nur verstehen, was uns
selbst gleicht.

96. Die ältere Geschichtsforschung, die so geringes
Verständnis für die Prüfung der Quellen hatte, trieb
als Ersatz mit großer Virtuosität Realkritik, und man

arbeitete kühn mit Parallelen, die man aus den ver-
schiedenartigsten Zeiten und Gegenden herbeiholte;
damals hatte man ja auch den Glauben, daß die Geschichte sich immer wiederhole. Wir, die wir vielmehr
in der Geschichte eine beständige Entwicklung sehen,
sind schon aus diesem Grunde vorsichtiger in unserer
Realkritik, besonders aber haben wir die Notwendigkeit begriffen, den Stoff einer genauen Prüfung zu
unterwerfen, auf den wir uns verlassen sollen. Aber es
kann nicht genug hervorgehoben werden, daß die Prüfung der Quellen allein nicht zum Ziele führt, und daß der
Historiker zum Verständnis der Vergangenheit sowohl
Menschenkenntnis wie Verständnis für die Welt braucht.

Ein oppositioneller Geist wie Ottokar Lorenz spottet
witzig über das Vertrauen des Fachhistorikers auf Quellenkritik und die »Gleichzeitigkeit« als deren Arcanum; aber
er vermeidet nicht den Fehler, in das entgegengesetzte
Extrem zu verfallen und die Bedeutung der Prüfung der
Quellen völlig zu unterschätzen. Selbst ein genialer Baumeister kann nicht einen soliden Bau mit schlechtem Material
aufführen.

Zum Abschluß.

97. Ich habe diese Schrift »Historische Technik«
genannt, und damit ist auch gesagt, daß ich verschiedene Fragen der historischen Methode nicht behandelt
habe. Wie der Historiker aus allen einzelnen Beobachtungen sich eine Gesamtvorstellung von dem Lebens-
schicksal und der Persönlichkeit eines Menschen bilden
soll, von der Geschichte eines Volkes oder eines Zeitalters, wie er deren Zusammenhang und Entwicklung
zu verfolgen hat — das sind Fragen, zu deren Lösung
die historische Methode anleiten will. Wenn man er-
örtert, ob der Historiker versuchen soll, historische
Gesetze aufzufinden oder nicht; wenn der eine das
für die Geschichte zentrale Problem in der Entwicklung
der Staaten, der andere in den Nationen, der dritte in
der geistigen Bewegung suchen will; wenn die marxisti-
sche Geschichtsauffassung behauptet, der ökonomische
Fortschritt sei absolut entscheidend, so sind dies Fragen,
deren Behandlung die Theorie der Geschichtsforschung
zu lehren hat. Aber wie man auch über alle diese Dinge
denken mag, man muß, um bis zu den historischen Phä-
nomenen vorzudringen, besondere technische Mittel
und Wege anwenden, und sie allein sind es, deren Darlegung hier versucht worden ist. Ich gestehe, daß ich
den Eindruck habe, daß diese Begrenzung für den
Zweck meiner Schrift einen Vorteil bedeutet.

98. Die Untersuchungsmethode, die der Historiker
anwendet, ist dieselbe, die wir alle im täglichen Leben
befolgen, wenn wir Gewißheit über Dinge wünschen, die

wir selbst nicht beobachtet haben, und dieselbe Prüfung wird in allen Wissenschaften angewandt, wenn
man genötigt ist, auf die Mitteilungen anderer sich zu
verlassen[1]). Man könnte sagen, daß die Technik der historischen Untersuchung überhaupt die Technik der mittel-
baren Beobachtung ist.

Wenn wir uns auf unsere Erfahrung in der Gegenwart
verlassen oder auf die Dinge, die wir da, wo der Quellenstoff reich ist, entdecken, so wird uns fühlbar, welch
große Schwierigkeiten es bietet, auf diesem Wege zu
sicheren Resultaten der Erkenntnis zu gelangen. Dies
tritt indessen nicht hervor, wo der Quellenstoff arm
ist; diejenigen, die nur ältere Zeiträume studieren, ge-
raten dabei leicht in den Fehler, ein ganz widersinniges
Vertrauen in die Quellen für diese Zeiten zu hegen.
»Die Perserkriege, von denen allein Herodot erzählt,
die Abenteuer der Fredegunde, die allein Gregor von
Tours berichtet, wecken weniger Zweifel als die Begebenheiten aus der Revolutionszeit, über die man
Hunderte von gleichzeitigen Zeugen hat«, sagt Seignobos mit Recht, fügt aber hinzu, daß eine Revolution
in der Denkweise der Historiker entstehen muß, um
sie davon abzubringen.

[1]) Lamprecht: »Ich kann in (der historischen Methode) doch
nur eine besonders intensiv und reich entwickelte Technik sehen,
die auf an sich sehr einfache und stets gekannte Grundsätze aufgebaut ist.« Der englische Historiker Lord Acton soll gesagt
haben, daß die historische Methode nur eine Verdoppelung des
gesunden Menschenverstandes ist.

99. Am klarsten haben die Historiker die Mängel
der eigentlichen historischen Berichte dargelegt, und
hier ist die Prüfung der Quellen sehr weit fortgeschritten. Man darf jedoch nicht das Auge dagegen verschlie-
ßen, daß auch alle andern Berichte und Aussagen große
Unsicherheit enthalten, und mit gutem Grund hat man

gesagt, der Historiker sei genötigt, sich auf Beobachtungen von so geringem Wert zu verlassen, daß keine andere Wissenschaft sie anerkennen würde.

Mit größtem Eifer hat man als Ersatz die Erzeugnisse
der Vergangenheit selbst hervorgezogen, und daß man
bei Schlüssen von ihnen aus zumeist größere Sicherheit
erlangt, als wenn man allein sich auf Berichte beziehen
kann, ist unbedingt sicher, aber auch hier macht der
Historiker sich sehr oft nicht klar, wie viele Möglichkeiten des Fehlschlusses vorliegen.

Man muß überhaupt dem scharfurteilenden, ein
wenig skeptisch veranlagten Seignobos recht geben,
wenn er betont, daß die sichersten Ergebnisse der
historischen Quellenkritik negativ sind, daß diese und
jene Sache, die man für richtig gehalten hat, sich nicht
so verhält. Und wenn man so oft Klagen darüber begegnet, daß die moderne Quellenkritik bald die eine,
bald die andere Überlieferung zerstört, die alle früher
geglaubt haben, so kann man nur antworten, daß es für
die Geschichte wie für alle Wissenschaft nur darauf an-
kommt, die Wahrheit zu finden und auszusprechen.

Wenn die Geschichtsforschung in den letzten hundert
Jahren mehr und mehr zur Einsicht gekommen ist, welche
Unsicherheit durch die Quellen verdeckt wird, auf die man
angewiesen ist, so wird diese Tatsache zum Teil durch die
andere ausgeglichen, daß man gleichzeitig dazu gelangt ist,
den Quellenstoff so außerordentlich stark zu erweitern. Auf
jedem Gebiet suchen wir systematisch alles, was die Vergangenheit aufhellen kann, zu sammeln und auszunützen.
Die Archive werden beständig leichter zugänglich, Unter-
suchungen werden in allen Ländern immer mehr in die Tiefe
und Weite geführt.

Die Geschichtswissenschaft selbst hat ihren Charakter
durch diese umfassende Einbeziehung von neuem Stoff
verändert. Die Geschichtsschreibung der Vergangenheit beruht von Anfang bis zu Ende auf den historischen Berich-

teen, und die Aufgabe des Historikers bestand im Wieder-
errzählen dessen, was man früher erzählt hatte, im Zusam-
maenarbeiten verschiedener Berichte und ihrer klareren und
annschaulicheren Wiedergabe. Seitdem man sich in unserer
Zeit mit Vorliebe auf die Erzeugnisse der Vergangenheit
geeworfen hat, ist die Aufgabe des Historikers eine völlig
anndere geworden. Von diesen zerstreuten festen Punkten
auus soll er selbst ein Bild der Vergangenheit und des Lebens
ihnrer Menschen schaffen, von äußeren Begebenheiten und
voon Daseinsbedingungen und Kultur. Diese Forderung hat
diiee Geschichtswissenschaft unserer Zeit so verschieden von
deer früherer Zeiten gemacht.

100. Die Historiker der älteren Zeit hatten im
grcoßen und ganzen ein naives Vertrauen zu der Wahr-
heeit der Überlieferung, das doch, wenig begründet,
wiie es war, leicht in Skepsis überschlagen konnte
(L,'histoire n'est qu'une fable convenue). Die Geschichts-
wiissenschaft der Gegenwart erkennt, daß man nicht
oftt volle Gewißheit erlangen kann, und sie wird daher
—- oder sie sollte jedenfalls — überall genau angeben,
biss zu welchem Grade von Sicherheit wir die eine oder
anndere Erscheinung der Vergangenheit aufklären können.

Register.

Die Zahlen bezeichnen Paragraphen, nicht Seiten.

Das Register ist im wesentlichen ein Sachregister; doch sind die Namen derjenigen Schriftsteller mit aufgenommen, die in der Darstellung selbst angeführt werden. Dagegen wurde auf das was in den Literaturangaben in § 23—25 oder in den Quellenbeispielen angeführt ist, keine Rücksicht genommen.

Schriftvergleichung 28 b.
Seelenleben, Schlüsse auf das S.
    48, 76—79, 95.
Seignobos, Ch. 4, 5, 6, 94, 98, 99.
Sekundäre Berichte 39, 40—42,
    68.
Seminarien, historische 22.
Sickel, Th. v. 28 c.
Siegel 29; Siegelkunde 25.
Sitten als hist. Quellen 7.
Sphragistik 25.
Sprache 32; S. und Stil 28 c;
    die S. als hist. Quelle 7;
    Wörterbücher 25.
Stumpf, K. F. 29.
»Survivals« 85.
Sybel, H. v. 40, 44.

Tagebücher 45.
Technik: die hist. T. als ver-
    schieden von Methode und
    Theorie der Geschichte 97.
»Tradition« 6, 35, 36.

Überreste 6—7, 63, vgl. Er-
    zeugnisse.

Übungen, historische 22.
Unechtheit 29.
»Unhistorische Völker« 3.
Urkunden 31, 36; Urkunden-
    lehre 25, 28 c.
»Urquelle« 39, 51.

Verlorene Quellen 48, vgl. 7.
Volkskunde 9.
Vorhistorische Zeiten 3; vor-
    historische Archäologie 5,
    28 a, 30, 89, 91.

Wappenkunde 25.
Widukind 3.
Wörterbücher 25.
Wunder 94.

Zeugen (vgl. Berichte, Quel-
    len): Zeugenbewertung 36
    —60; Z. erster Hand 39,
    43—46; Z. zweiter Hand 39,
    47—59; experimentelle Prü-
    fung der Z. 42; ein einziger
    Zeuge 70.